"十四五"高等职业教育计算机类专业系列教材

Java Web 程序设计开发

周庆荣　张书锋　尤澜涛◎主编

中国铁道出版社有限公司
CHINA RAILWAY PUBLISHING HOUSE CO., LTD.

内 容 简 介

本书主要围绕 HTML、JSP 和 Servlet 来讲解动态网站开发技术，全书共八项任务，内容由浅入深，涵盖了 JSP 的各个主要知识点。任务 1 介绍了常用 Web 开发技术和 JSP 开发环境搭建。任务 2 介绍了创建第一个 JSP 程序并介绍 JSP 页面执行流程。任务 3 介绍了 HTML 中的表单、表格及框架等重要技术。任务 4 介绍了 JSP 基本语法。任务 5 介绍了 JSP 内置对象。任务 6 介绍了 JSP 数据库访问技术。任务 7 介绍了 JavaBean 技术。任务 8 介绍了 Servlet 和 MVC 架构。每项任务由知识准备、实战演练、课外拓展和课后练习组成，将知识点与案例相结合，体现了"做中学"及学以致用的教学理念。

本书特别注重引导学生参与课堂教学活动，适合作为高职院校计算机类专业教材。

图书在版编目（CIP）数据

Java Web 程序设计开发 / 周庆荣，张书锋，尤澜涛主编.—北京：中国铁道出版社有限公司，2023.9
"十四五"高等职业教育计算机类专业系列教材
ISBN 978-7-113-30529-1

Ⅰ.① J… Ⅱ.①周… ②张… ③尤… Ⅲ.① JAVA 语言 - 程序设计 - 高等职业教育 - 教材 Ⅳ.① TP312.8

中国国家版本馆 CIP 数据核字 (2023) 第 164944 号

书　　　名：	Java Web 程序设计开发
作　　　者：	周庆荣　张书锋　尤澜涛

策　　划：	汪　敏	编辑部电话：	（010）51873628
责任编辑：	汪　敏　李学敏		
封面设计：	尚明龙		
责任校对：	安海燕		
责任印制：	樊启鹏		

出版发行：	中国铁道出版社有限公司（100054，北京市西城区右安门西街 8 号）
网　　址：	http://www.tdpress.com/51eds/
印　　刷：	三河市宏盛印务有限公司
版　　次：	2023 年 9 月第 1 版　2023 年 9 月第 1 次印刷
开　　本：	787 mm×1 092 mm 1/16　印张：9.75　字数：210 千
书　　号：	ISBN 978-7-113-30529-1
定　　价：	33.00 元

版权所有　侵权必究

凡购买铁道版图书，如有印制质量问题，请与本社教材图书营销部联系调换。电话：（010）63550836
打击盗版举报电话：（010）63549461

前 言

Java Web 是用 Java 技术来解决相关 Web 互联网领域技术问题的，包括 Web 服务器和 Web 客户端两部分。Java 在服务器端的应用非常广泛，比如 Servlet、JSP 和第三方框架等。本书按照技术发展的脉络，从 HTML 到 JSP 和 Servlet，再到设计模式，为读者将来学习各种 Web 开发框架打好基础。

全书包含八个任务：

任务 1：Web 技术概述及环境搭建，介绍了常用 Web 开发技术和 JSP 开发环境搭建，具体包括 JDK 的安装配置、Tomcat 的安装配置、SQL Server 2008 的安装等。

任务 2：创建一个 Web 项目，介绍了 JSP 开发模式，创建第一个 JSP 程序并介绍 JSP 页面执行流程。

任务 3：HTML 基础，介绍 HTML 中的表格、表单及框架等重要技术。

任务 4：JSP 基本语法，详细介绍了 JSP 页面结构、JSP 页面中的注释、Java 脚本元素以及常用的 JSP 标记。

任务 5：JSP 内置对象，具体包括 request 对象、response 对象、session 对象、application 对象以及 out 对象。

任务 6：JSP 数据库访问技术，介绍了 JDBC 技术、JDBC 连接方式、JDBC 常用应用程序接口和应用 JDBC 实现对数据库记录的增加、删除、修改和查询操作。

任务 7：JavaBean 技术，具体包括 JavaBean 基础，在 JSP 中应用 JavaBean，JavaBean 与 HTML 表单的交互以及 JavaBean 的典型应用。

任务 8：Servlet 和 MVC，Servlet 中具体包括 Servlet 的基本概念、编写和配置 Servlet、调用 Servlet、Servlet 生命周期和 Servlet 的典型应用；MVC 中具体包括 MVC 模式简介、Servlet 中的 MVC 以及 MVC 模式的典型应用。

每个任务由知识准备、实战演练、课外拓展和课后练习组成，将知识点与案例相结合，每个实战演练的讲解都按照"学习目标"→"知识要点"→"完成步骤"三个环节详细展开，体现了"做中学"及学以致用的教学理念。

本书课外拓展用于培养读者的实践技能，课后练习用于复习本章理论知识。

本书在编写过程中得到了很多同事的帮助,在此表示衷心感谢!特别感谢苏州高博软件技术职业学院、苏州工业园区服务外包职业学院、苏州农业技术职业学院的大力支持!

由于编者水平有限,书中难免存在疏漏和不足之处,欢迎读者和同行专家批评指正。

编　者

2023 年 6 月

目　录

任务 1　Web 技术概述及环境搭建 1

1.1　知识准备——静态网页和动态网页 1
1.2　知识准备——认知 ASP、PHP、JSP 2
1.3　知识准备——C/S 结构和 B/S 结构 4
1.4　知识准备——Web 服务器和网络数据库 8
1.5　知识准备——JSP 开发工具及环境搭建 9
　　实战演练 1-1　JDK 的安装与配置 9
　　实战演练 1-2　MyEclipse 的安装 12
　　实战演练 1-3　Tomcat 的安装与启动 14
　　实战演练 1-4　Microsoft SQL Server 2008 安装 16
课外拓展 20
课后习题 20

任务 2　创建一个 Web 项目 22

2.1　知识准备——JSP 工作原理 22
　　实战演练 2-1　使用 MyEclipse 创建第一个 Web 应用 23
2.2　知识准备——JSP 生命周期 25
　　实战演练 2-2　使用 MyEclipse 创建第一个 JSP 程序 26
课外拓展 29
课后练习 29

任务 3　HTML 基础 30

3.1　知识准备——常用标签 30
　　实战演练 3-1　创建一个 HTML 静态网页 30
3.2　知识准备——表格 32
　　实战演练 3-2　创建表格 32
3.3　知识准备——表单 34
　　实战演练 3-3　创建用户注册表单 35

3.4 知识准备——框架 37
  实战演练 3-4 使用框架创建一个网页 37
课外拓展 39
课后练习 40

任务 4 JSP 基本语法 42

4.1 知识准备——JSP 页面的基本构成 42
4.2 知识准备——JSP 注释 43
  实战演练 4-1 JSP 中注释的使用 43
4.3 知识准备——JSP 脚本元素 44
  4.3.1 声明 44
  实战演练 4-2 JSP 声明的使用 45
  4.3.2 小脚本 46
  实战演练 4-3 JSP 小脚本的使用 47
  4.3.3 表达式 48
  实战演练 4-4 JSP 表达式的使用 48
  实战演练 4-5 JSP 中脚本元素的使用 49
4.4 知识准备——JSP 指令 51
  4.4.1 page 指令 51
  实战演练 4-6 在 JSP 页面中显示日期 52
  实战演练 4-7 JSP 中处理页面异常 54
  4.4.2 include 指令 55
  实战演练 4-8 使用 include 指令的 JSP 页面 55
4.5 知识准备——JSP 动作标记 57
  4.5.1 include 动作标记 58
  实战演练 4-9 使用 <jsp:include> 动作标记的 JSP 页面 58
  4.5.2 forward 动作标记 61
  实战演练 4-10 使用 <jsp:forward> 动作的 JSP 页面 61
  4.5.3 param 动作标记 63
  实战演练 4-11 使用 <jsp:forward> 动作和 <jsp:param>
        动作的 JSP 页面 64
课外拓展 65
课后练习 66

任务 5　JSP 内置对象 67

5.1　知识准备——out 对象 67
实战演练 5-1　out 对象使用 68

5.2　知识准备——request 对象 69
实战演练 5-2　request 对象获取简单表单信息 69
实战演练 5-3　request 对象处理汉字乱码问题 71

5.3　知识准备——response 对象 72
实战演练 5-4　response 对象实现重定向到另一个页面 72

5.4　知识准备——session 对象 74
实战演练 5-5　利用 session 对象获取会话信息并显示 75
实战演练 5-6　应用 request 对象和 session 对象获取复杂表单信息 76

5.5　知识准备——application 对象 80
实战演练 5-7　利用 application 对象的属性存储统计网站访问人数 80

5.6　application、request、session 之间的区别 82
课外拓展 82
课后练习 82

任务 6　JSP 数据库访问技术 84

6.1　知识准备——专用 JDBC 驱动程序连接数据库 84
6.1.1　注册驱动 SQL Server 的驱动程序 84
6.1.2　JDBC 连接数据库创建连接对象 85

6.2　知识准备——访问数据库 86
6.2.1　创建数据库操作对象 86
6.2.2　执行 SQL 87
6.2.3　获得查询结果并进行处理 88
6.2.4　释放资源 90
实战演练 6-1　学生体质信息管理系统——添加记录模块 91
实战演练 6-2　学生体质信息管理系统——查询记录模块 93
实战演练 6-3　学生体质信息管理系统——修改记录模块 96
实战演练 6-4　学生体质信息管理系统——删除记录模块 101
课外拓展 103
课后练习 104

任务 7　JavaBean 技术 105
7.1　知识准备——JavaBean 简介 105
实战演练 7-1　编写一个 JavaBean 105
7.2　知识准备——JavaBean+JSP 模式 107
7.2.1　<jsp:useBean> 动作标记 108
7.2.2　<jsp:setProperty> 动作标记 108
7.2.3　<jsp:getProperty> 动作标记 109
实战演练 7-2　JavaBean 的简单应用 109
实战演练 7-3　使用 JavaBean 与 HTML 表单交互 111
7.3　知识准备——JavaBean 在 JSP 中的典型应用 116
实战演练 7-4　使用 JavaBean 封装数据库操作 116
课外拓展 118
课后练习 118

任务 8　Servlet 和 MVC 121
8.1　知识准备——Servlet 技术 121
8.1.1　Servlet 概述 121
8.1.2　Servlet 生命周期 122
实战演练 8-1　第一个 Servlet 123
8.1.3　Servlet 常用类和接口 127
实战演练 8-2　使用 Servlet 技术获取用户名和密码 128
8.1.4　重定向与转发 131
实战演练 8-3　使用页面跳转技术实现小型计算器 132
8.2　知识准备——MVC 模式 136
8.2.1　MVC 模式简介 136
8.2.2　MVC 优点 137
8.2.3　MVC 与 Servlet 138
实战演练 8-4　应用 MVC 模式实现登录功能 139
课外拓展 145
课后练习 146

Web 技术概述及环境搭建

学习目标

1. 了解 Web 开发的基本知识。
2. 掌握 JDK 的安装。
3. 掌握 Tomcat 的安装与启动。
4. 了解 MyEclipse 开发工具。
5. 安装 Microsoft SQL Server 2008 数据库。

本章首先向读者介绍 Web 的基础知识，包括 Web 的概念、静态网页与动态网页、B/S 结构和 C/S 结构、Web 开发的相关技术。接着介绍 JSP 的开发工具及运行环境，包括 JDK 的安装与配置、Tomcat 服务器的安装与启动、MyEclipse 集成开发平台的配置等。

1.1 知识准备——静态网页和动态网页

静态网页是标准的 HTML 文件，它的文件扩展名是 .htm、.html，可以包含文本、图像、声音、Flash 动画、客户端脚本和 ActiveX 控件及 Java 小程序等。尽管在这种网页上使用这些对象后可以使网页动感十足，但是，这种网页不包含在服务器端运行的任何脚本，网页上的每一行代码都是由网页设计人员预先编写好后放置到 Web 服务器上的，发送到客户端的浏览器上后不再发生任何变化，因此称其为静态网页。静态网页是网站建设的基础，早期的网站一般都是由静态网页制作的。静态网页是相对于动态网页而言的，其没有后台数据库、不含程序且不可交互。静态网页更新起来相对比较麻烦，适用于一般更新较少的展示型网站。

动态网页，是指与静态网页相对的一种网页编程技术。随着 HTML 代码的生成，静态网页页面的内容和显示效果就基本上不会发生变化了，除非修改页面代码。而动态网页则不然，页面代码虽然没有变，但是显示的内容却是可以随着时间、环境或者数据库操作的结果而发生改变的。

值得强调的是，不要将动态网页和页面内容是否有动感混为一谈。这里说的动态网页，与网页上的各种动画、滚动字幕等视觉上的动态效果没有直接关系，动态网页可以是纯文字内容的，也可以是包含各种动画的内容，这些只是网页具体内容的表现形式，无论网页是否具有动态效果，只要是采用了动态网站技术生成的网页都可以称为动态网页。

总之，动态网页是基本的 HTML 语法规范与 Java、Visual Basic、PHP 等高级程序设计语言、数据库编程等多种技术的融合，以期实现对网站内容和风格的高效、动态和交互式的管理。因此，从这个意义上来讲，凡是结合了 HTML 以外的高级程序设计语言和数据库技术进行的网页编程技术生成的网页都是动态网页。

静态网页与动态网页的优缺点对比如下：

相对于动态网页，静态页面的内容相对比较安全稳定，而且静态网页速度较快，不需要从数据库里面提取数据，而且也不会对服务器产生压力；但由于现在的 Web 页面中大量使用 JS，导致浏览器打开页面就会占用大量的内存，服务端的压力是减轻了，但压力转移到了客户端，而且因为没有数据库的支持，在网站制作和维护方面工作量较大，因此当网站信息量很大时，完全依靠静态网页制作方式比较困难。

一般来说，一个网站建设的基础就是静态网页，而静态网页和动态网页之间也不是互不相容的，动态网站也可以采用静动结合的原则，为了提高网站内搜索的速度，可以使用动态网页技术把网页的内容转变成静态网页运行，以提高网页打开的速度。在同一个网站上，动态网页内容和静态网页内容同时存在是很常见的事情。

1.2 知识准备——认知 ASP、PHP、JSP

目前比较流行的动态 Web 技术有 ASP、PHP 和 JSP 等。

（1）ASP（active server pages）是一套 Microsoft 开发的服务器端脚本环境，通过 ASP 可以结合 HTML 网页、ASP 指令和 ActiveX 元件建立动态的、交互的、高效的 Web 服务器应用程序。其优势体现在：

① 简单易学，编辑方便。使用 VBScript、JavaScript 等简单易懂的脚本语言，结合 HTML 代码，使用普通的文本编辑器，即可进行编辑设计。

② 效率高，对机器硬件设备的要求不高。有了 ASP 程序不必担心客户端的浏览器是否能运行所编写的代码，客户端的浏览器不需要执行这些脚本语言，无须编译，所有的程序都将在服务器端直接执行。当程序执行完毕后，服务器仅将执行的结果返回给客户浏览器，这样也就减轻了客户端浏览器的负担，大大提高了交互的速度。

③ 可扩充性较强。ASP 使用 ActiveX Server Components（ActiveX 服务器组件），可以使用 Visual Basic、Java、Visual C++、COBOL 等程序设计语言来编写所需要的 ActiveX Server Component。

但是 ASP 只能运行在 Microsoft 的服务器产品平台上，无法跨平台应用程序，移植性较差，由于 ASP 还是一种 Script 语言，要提高其工作效率必须使用大量的 COM 组件，但组件必须花时间、资源即时编译；ASP 使用了大量的 COM 组件，就会因 Windows 系统最初的设计问题而引发严重、大量的安全问题，安全性、稳定性、跨平台性（移植性）都是使其发展成为大型网站技术的重要瓶颈。

（2）PHP，是一种用于创建动态 Web 页面的服务端脚本语言，它是嵌入 HTML 文件的一种脚本语言。其优点是：

① 跨平台性。PHP 在大多数 UNIX、GUN/Linux 和 Windows 平台上均可运行，而且可以将 PHP 作为 Apache Web 服务器的内置模块或 CGI 程序运行。

② 简单易学，开发速度快。PHP 与 HTML 语言具有良好的兼容性，用户可以直接在 Web 页面中输入 PHP 命令代码，因而不需要任何特殊的开发环境。PHP 脚本语言的语法结构与 C 语言和 PERL 语言的语法风格非常相似。

③ 源代码开放。公开免费的 PHP 是完全免费的，可以不受限制地获得源码，甚至可以从中加进你自己需要的特色。对 PHP 的支持是免费的，PHP 具有自由软件的所有特性。

④ 执行效率高。速度较快，PHP 消耗较少的系统资源。

⑤ 对数据库支持极其广泛，可直接与 Infomix、Oracle 连接。

PHP 其弱势体现在以下几点：

① PHP 的技术体系不符合分布式应用体系，缺乏多层结构支持，这决定了 PHP 很难适用大型应用的要求。

② PHP 虽然支持多种数据库，但针对每种数据库提供的数据库接口支持不统一，更换数据库时，必须更改编码才能运行，这就使得它不适合运用在电子商务中。

③ PHP 缺乏企业级支持，没有组件的支持，扩充性能较弱，因此无法使 PHP 运用到大型网站和企业级网站，尽管在 PHP 4.0 版本以后开始实现对 Java Servlet、JavaBean 的支持。

④ 由于 PHP 没有任何编译性的开发工作，所有的源代码无法编译，无法实现商品化应用的开发；代码是开放的、免费的，缺少正规的商业支持，因此其技术无法长足发展，这也是自由软件的缺点。

（3）JSP（Java server pages）是 SUN 公司推出的基于 JavaServlet 以及整个 Java 体系的 Web 开发技术。JSP 解决了目前 ASP、PHP 的一个通病——脚本级执行，每个 JSP 文件总是先被编译成 Servlet，然后再由 Servlet 引擎运行。它为基于 Java 环境开发多层结构的动态 Web 应用程序提供一种方便、快捷的方法。JSP 程序其实就是在 HTML 代码中嵌入 Java 代码段。其技术优势表现为以下几点：

① 内容的显示和内容的生成分离，有利于协作开发。因为在 JSP 页面中声称内容的逻辑封装处于业务层的 JavaBean 或 EJB 中，然后通过嵌入页面的脚本代码生成具体的内容，具体实现则是由页面文件负责完成的。如果核心逻辑被封装在标识和 Beans 中，那么其他人，

如 Web 管理人员和页面设计者,能够编辑和使用 JSP 页面,而不影响内容的生成。在服务器端,JSP 引擎解释 JSP 标识和小脚本,生成所请求的内容,并且将结果以 HTML(或者 XML)页面的形式发送回浏览器。这有助于作者保护自己的代码,而又保证任何基于 HTML 的 Web 浏览器的完全可用性。网页内容的显示和内容的生成是分离的,这就意味着 Web 设计人员可以方便地设计页面,而不影响内容的生成,而程序设计者只需要修改相应的业务逻辑,而不用管显示的形式。这样,对于一个大型的分布式应用系统来说,非常有利于协作开发。

② 采用可重用的组件提高开发效率。大多数 JSP 页面依赖于可重用的、跨平台的组件(JavaBeans 或者 Enterprise JavaBeansTM 组件)来执行应用程序所要求的更为复杂的处理。开发人员能够共享和交换执行普通操作的组件,或者使得这些组件为更多的使用者或者客户团体所使用。基于组件的方法加速了总体开发过程,并且使得各种组件在它们现有的技能和优化结果的开发努力中得到平衡。

③ 采用标识、标签库简化页面开发。JSP 可订制标签库,用户使用一些 HTML 的标签和嵌入的脚本来进行动态网站的开发。JSP 的开发者能够定制自己的标签库(TagLib),使得 Web 页面设计人员能够非常形象地利用开发者所设计的构建,而不需要懂关于程序的知识。JSP 技术封装了许多功能,这些功能是在易用的、与 JSP 相关的 XML 标识中进行动态内容生成所需要的。标准的 JSP 标识能够访问和实例化 JavaBeans 组件,设置或者检索组件属性,下载 Applet 以及执行用其他方法更难于编码和耗时的功能。通过开发定制化标识库,JSP 技术是可以扩展的。今后,第三方开发人员和其他人员可以为常用功能创建自己的标识库。这使得 Web 页面开发人员能够使用熟悉的工具和如同标识一样执行特定功能的构件来工作。

④ 平台适应性广。作为采用 Java 技术家族的一部分,JSP 拥有 Java 语言的"一次编写,随处运行"特点。几乎所有的平台都支持 Java、JavaBean。从一个平台移植到另外一个平台,JSP 和 JavaBean 甚至不用重新编译,字节码都是标准的、与平台无关的。

1.3 知识准备——C/S 结构和 B/S 结构

(1)C/S 结构,又称 Client/Server 或客户/服务器模式。服务器通常采用高性能的 PC、工作站或小型机,并采用大型数据库系统,如 Oracle、Sybase、Informix 或 SQL Server。客户端需要安装专用的客户端软件。

C/S 结构是一种比较早的软件结构,主要应用于局域网内。在这之前经历了集中计算模式,随着计算机网络的进步与发展,尤其是可视化工具的应用,出现过两层 C/S 和三层 C/S 结构,不过一直很流行也比较经典的是我们所要研究的两层 C/S 结构,如图 1-1 所示。

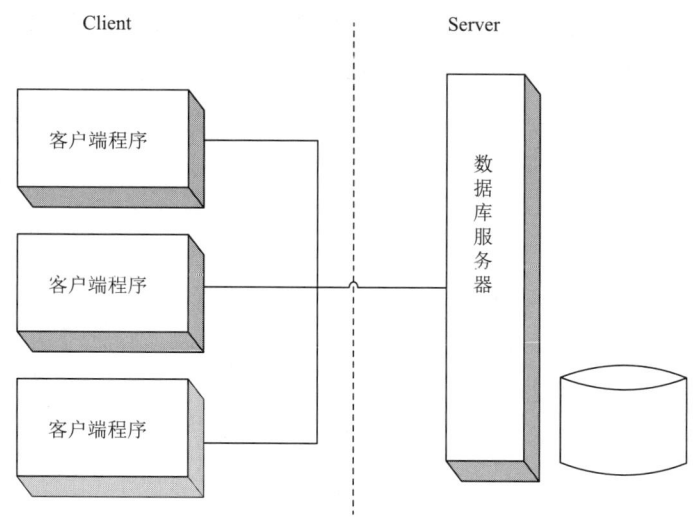

图 1-1　C/S 结构

C/S 结构软件（即客户机/服务器模式）分为客户机和服务器两层：第一层基于用户客户机系统，主要完成用户界面显示，接收数据输入，检验数据有效性，向后台数据库发送请求，接收返回结果，处理应用逻辑；第二层是通过网络结合了数据库服务器，运行数据库管理系统，提供数据库的查询和管理。简单地说就是第一层是用户表示层，第二层是数据库层。客户端和服务器直接相连，这两个组成部分都承担着重要的角色。

C/S 结构具有如下优点：

① 客户端和服务器直接相连。点对点的连接方式更安全，可以直接操作本地文本，比较方便。

② 客户端可以处理一些逻辑事务。可以进行数据处理和数据存储，提供一定的帮助。

③ 客户端直接操作界面。

C/S 结构具有如下缺点：

① C/S 结构适用于局域网，对网速的要求比较高。

② 客户端界面缺乏通用性，且当业务更改时就需要更改界面，重新编写。

③ 随着用户数量的增多，会出现通信拥堵、服务器响应速度慢等情况。

④ 系统的维护也比较麻烦。

C/S 结构的软件数不胜数，如数据库、QQ、微信、客户端游戏等，无处不见 C/S 结构。现在的软件应用系统正在向分布式的 Web 应用发展；内部的和外部的用户都可以访问新的和现有的应用系统，Web 和 C/S 应用都可以进行同样的业务处理；不同的应用模块共享逻辑组件；通过现有应用系统中的逻辑可以扩展出新的应用系统。

（2）B/S 结构（brower/server）即浏览器和服务器结构，是随着 Internet 技术的发展，对 C/S 结构进行改进的一种网络结构模式。Web 浏览器是客户端安装的应用软件，而服务器是安装了一些处理数据或具有某些功能的服务应用程序的计算机。B/S 架构统一了客户端，将要处理数据的任务和功能集中到服务器端,简化了系统的开发、维护以及使用。我们只要在客户机上安装一个浏览器,就可以轻松地与服务器进行数据交互。B/S 结构如图 1-2 所示。

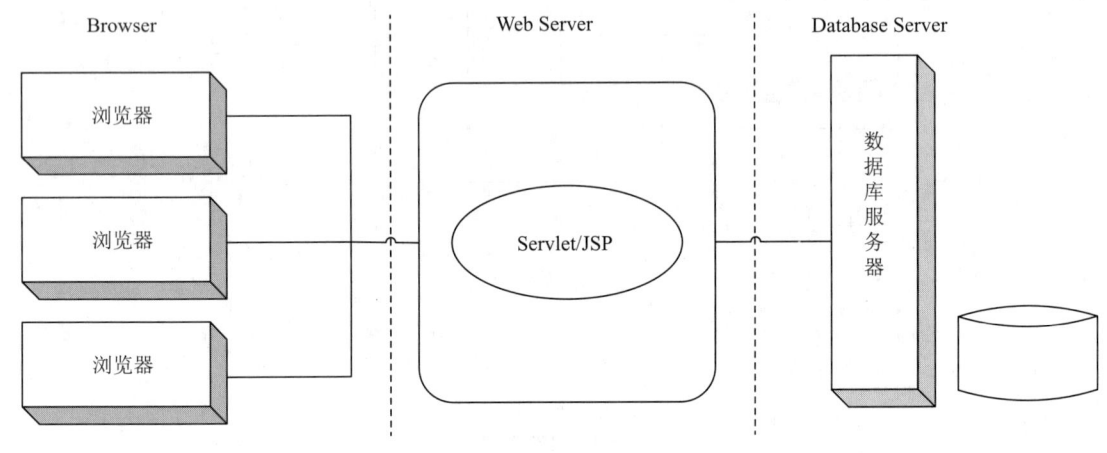

图 1-2　B/S 结构

　　以目前的技术看,局域网建立 B/S 结构的网络应用,并通过 Internet/Intranet 模式下数据库应用,相对易于把握,成本也是较低的。它是一次性到位的开发,能实现不同的人员,从不同的地点,以不同的接入方式(比如 LAN、WAN、Internet/Intranet 等)访问和操作共同的数据库;它能有效地保护数据平台和管理访问权限,服务器数据库也很安全。特别是在 Java 这样的跨平台语言出现之后,B/S 架构管理软件更是方便、快捷、高效。

　　B/S 架构采取浏览器请求、服务器响应的工作模式。用户可以通过浏览器去访问 Internet 上由 Web 服务器产生的文本、数据、图片、动画、视频点播和声音等信息;而每一个 Web 服务器又可以通过各种方式与数据库服务器连接,大量的数据实际存放在数据库服务器中;从 Web 服务器上下载程序到本地来执行,在下载过程中若遇到与数据库有关的指令,由 Web 服务器交给数据库服务器来解释执行,并返回给 Web 服务器,Web 服务器又返回给用户。在这种结构中,将许多的网络连接到一起,形成一个巨大的网络,即全球网。而各个企业可以在此结构的基础上建立自己的 Intranet。比如 WebQQ,从 WebQQ 名称中的 Web 就不难看出它属于 B/S 架构,是一种浏览器服务器结构。事实上也是如此,因为 WebQQ 根本不需要安装客户端,只需要有浏览器就可以进行聊天交互了。

　　B/S 结构的优点如下:

　　① 无须安装:客户端不需要安装,有浏览器即可。

　　② 分布性:可以随时随地进行查询、浏览等业务处理。

　　③ 业务扩展便捷:通过增加页面即可增加服务器功能。

　　④ 升级维护便捷:无须升级多个客户端,升级服务器即可,就可以实现所有用户的同步更新。

　　⑤ 共享性强:可以直接放在广域网上,通过一定的权限控制实现多客户访问的目的,交互性较强。

B/S 结构的缺点如下：

① 在跨浏览器上，B/S 结构不尽如人意。

② 在速度和安全性上需要花费很多设计成本，响应速度不及 C/S，随着 AJAX 技术的发展，相比传统 B/S 结构软件速度有很大提升。

③ 用户体验不是很理想，B/S 需要单独界面设计，各个浏览器厂商对浏览器解析的标准不同。

（3）C/S 和 B/S 结构的比较：

① 硬件环境不同，C/S 一般建立在专用的网络上，小范围的网络环境，局域网之间再通过专门服务器提供连接和数据交换服务。B/S 建立在广域网之上，不必是专门的网络硬件环境，例如电话上网，租用设备信息自己管理有比 C/S 更强的适应范围，一般只要有操作系统和浏览器就行。

② 对安全要求不同，C/S 对服务端、客户端的安全都要考虑。B/S 因没有客户端，所以只注重服务端安全即可。

③ 程序构架不同，C/S 程序可以更加注重流程，可以对权限多层次校验，对系统运行速度可以较少考虑。B/S 对安全以及访问速度的多重考虑，建立在需要更加优化的基础之上，比 C/S 有更高的要求，B/S 结构的程序架构是发展的趋势，从 MS 的 .Net 系列的 BizTalk 2000 Exchange 2000 等，全面支持网络的构件搭建的系统。SUN 和 IBM 推的 JavaBean 构件技术等，使 B/S 更加成熟，例如，智赢 IPOWER，采用 AJAX 和数据存储优化技术，相比一般 B/S 架构软件速度提高 30% 至 99%。

④ 软件重用不同，C/S 程序不可避免地要进行整体性考虑，构件的重用性不如在 B/S 要求下的构件的重用性。B/S 的多重结构，要求构件相对独立的功能，能够相对较好的重用。

⑤ 系统维护不同，C/S 程序由于整体性，必须整体考察，处理出现的问题以及系统升级。B/S 构件，组成方面构件个别的更换，实现系统的无缝升级、系统维护开销减到最小。用户从网上自己下载安装就可以实现升级。

⑥ 处理问题不同，C/S 程序可以处理用户面固定，并且在相同区域，安全要求高，与操作系统相关。B/S 建立在广域网上，面向不同的用户群，分散地域，这是 C/S 无法做到的，与操作系统平台关系最小。

⑦ 用户接口不同，C/S 多是建立在 Windows 平台上，表现方法有限，对程序员普遍要求较高。B/S 建立在浏览器上，通过 Web 服务或其他公共可识别描述，语言可跨平台，使用更灵活。不仅可应用在 Windows 平台上，还可应用于 UNIX/Linux 等平台。

⑧ 信息流不同，C/S 程序交互性相对低。B/S 信息流向可变化，B-B、B-C、B-G 等信息、流向的变化，更像交易中心。C/S 和 B/S 信息流的比较如表 1-1 所示。

表 1-1　C/S 和 B/S 信息流的比较

项　目	C/S	B/S
建立基础	局域网	广域网
安装	需要安装	只需要浏览器
压力	客户端压力大	服务器压力大
其他	升级和维护成本高，不受网速影响，更安全，断网时不能与其他计算机共享资源	适应性更强，受网速影响，不够安全，更加注重访问速度，共享性强，业务拓展方便，维护简单，兼容问题大

1.4　知识准备——Web 服务器和网络数据库

　　Web 服务器也称 WWW（world wide web）服务器，是指驻留于因特网上某种类型计算机的程序，其作用是整理和存储各种 WWW 资源，并响应客户端软件的请求。Web 服务器可以向浏览器等 Web 客户端提供文档，也可以放置网站文件，让全世界浏览，还可以放置数据文件，让全世界下载。

　　目前主流的三个 Web 服务器是 Apache、Nginx、IIS。Apache 是使用排名第一的 Web 服务器软件。它几乎可以运行在所有的计算机平台上。由于 Apache 是开源免费的，因此有很多人参与到新功能的开发设计中，不断对其进行完善。Apache 的特点是简单、速度快、性能稳定，并可作为代理服务器。Apache Tomcat 技术先进、性能稳定，而且免费，因而深受 Java 爱好者的喜爱并得到了部分软件开发商的认可，成为目前比较流行的 Web 应用服务器。Nginx 是一个小巧且高效的 HTTP 服务器，也可以做一个高效的负载均衡反向代理，通过它接收用户的请求并分发到多个 Mongrel 进程，可以极大提高 Rails 应用的并发能力。IIS（Internet information server，Internet 信息服务），特点是安全、强大、灵活。

　　一台普通的计算机要成为 Web 服务器，必须通过相应的程序（IIS、Apache 和 Tomcat）来实现。HTTP 协议基于 TCP 协议上，是一个应用层协议，用于用户代理和 Web 服务器进行通信。Web 服务器通常采用一问一答的方式进行工作：

　　（1）在用户代理上用户发起资源请求，请求内容包括但不限于：指定资源的唯一标识 URI、指明动作类型（GET/POST/DELETE/PUT...）。

　　（2）用户代理解析用户输入 URI 并从中获取目标域名，交由 DNS 服务器解析。如果 URI 中指定某 IP 地址，则无须这步。

　　（3）如果与服务器的会话还没建立，此时先建立 TCP 连接，并完成 HTTP 协商（确定双方均可接受的处理方式，包括协议版本、是否加密、内容格式等）。

　　（4）用户代理把请求内容封装成 HTTP 数据包向服务器发送。

　　（5）服务器接收到资源请求并以之前协商好的方式解包并处理。

　　（6）服务器请求的资源封装成 HTTP 数据包并返回给用户代理。

1.5 知识准备——JSP 开发工具及环境搭建

由于 JSP 使用 Java 作为脚本语言，因此需要建立 Java 的运行环境。另外，JSP 是基于 Web 的应用程序，需要特定的 Web 服务器程序支持。本节将按照正常安装顺序，从安装 Java Development Kit（JDK）、MyEclipse 集成开发平台、Tomcat 服务器、Microsoft SQL Server 数据库管理平台四个方面来介绍环境配置问题。

实战演练 1-1　JDK 的安装与配置

JDK（java development kit）是 Java 语言的软件开发工具包，是整个 Java 开发的核心。JDK 中包含了 Java 开发中必需的工具和 Java 程序运行环境（JRE）。它是学习 Java 使用的开发环境，并且对于大部分 JSP 开发而言，也比较适合。它的界面不如一些可视化工具友好，但是只要配置好参数即可使用，并且它是各种开发环境的基础。JDK 由一个标准类库和一组建立、测试及建立文档的 Java 实用程序组成。其核心 Java API 应用程序接口是一些预定义的类库，有了这些类库，开发人员可以直接调用而不必自己编写代码。Java API 包括一些重要的语言结构以及基本图形、网络和文件的输入和输出。

【学习目标】掌握 JDK 的基本安装及配置步骤。

【知识要点】JDK 环境变量的配置。

【完成步骤】

（1）下载 JDK 程序包，本书中下载基于 Windows 操作系统的 jdk-7u2-windows-i586.exe 文件，可以随时进入网站，下载最新版本。

（2）安装 JDK，双击安装文件 jdk-7u2-windows-i586.exe，系统自动进入安装进程，按照向导提示即可完成安装，如图 1-3 所示。

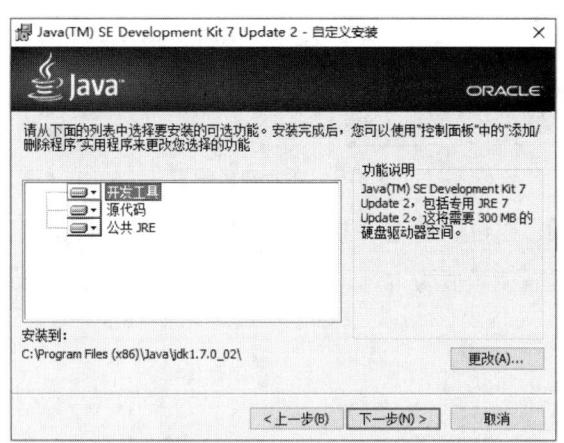

图 1-3　JDK 安装界面

假设将 JDK 安装于 C:\Program Files (x86)\Java 目录下（这是系统默认的安装路径），如图 1-4 所示，在该目录下有 jdk1.7.0_02、jre7 两个子目录，分别存放 Java 程序的开发环境

JDK 和运行环境 JRE（Java runtime enviroment）。

图 1-4　JDK 默认安装路径

（3）设置 JDK 的环境变量，需要设置三个环境变量的名字和值，依次为 JAVA_HOME、Path、classPath，设置过程如下：

① 右击桌面上的"计算机"图标，在弹出的快捷菜单中选择"属性"→"高级系统设置"→"高级"→"环境变量"命令，弹出"环境变量"对话框，如图 1-5 所示。

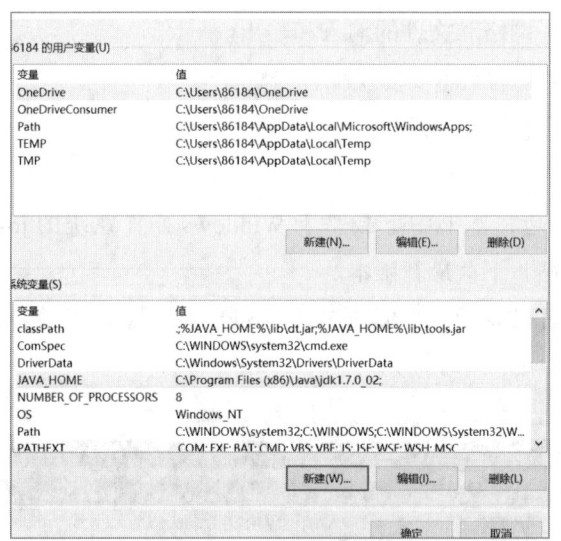

图 1-5　环境变量设置

② 新建 JAVA_HOME 变量。单击"新建"按钮，弹出"新建系统变量"对话框，新建 JAVA_HOME 变量，并设置变量值为 Java JDK 安装路径 C:\Program Files (x86)\Java\jdk1.7.0_02，如图 1-6 所示。

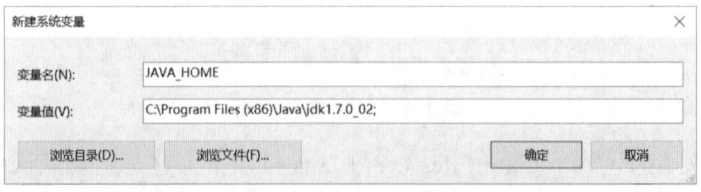

图 1-6　JAVA_HOME 环境变量示意图

③ 新建 Path 变量值。在原有的 Path 值后面添加如下语句（注意：前面有个分号，且为英文分号），如图 1-7 所示。

```
C:\Program Files (x86)\Java\jdk1.7.0_02\bin
```

或者

```
%JAVA_HOME%\bin;
```

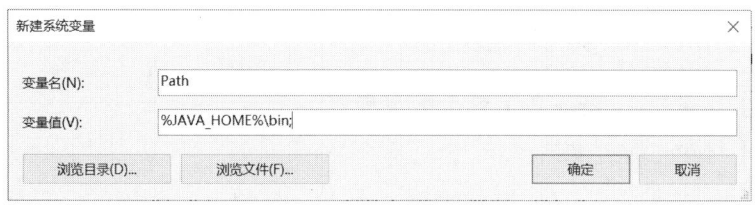

图 1-7　Path 环境变量示意图

④ 新建 classpath 变量值，并设置值，如图 1-8 所示。

```
C:\Program Files (x86)\Java\jdk1.7.0_02\jre\lib\rt.jar;
```

或者

```
.;%JAVA_HOME%\jre\lib\rt.jar;
```

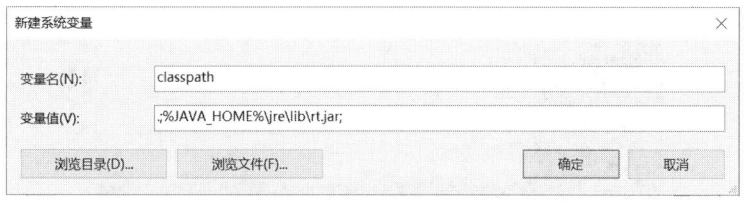

图 1-8　classpath 环境变量示意图

⑤ 测试 JDK 环境变量配置，上述环境变量设置完成后，在桌面"开始"菜单处输入 cmd，进入命令行界面，然后输入 javac，出现图 1-9 所示的界面，表示安装并设置成功。

图 1-9　启动 javac 的命令行界面

MyEclipse 是 MyEclipse Enterprise Workbench 的简称，是对 Eclipse IDE 的扩展，它是一款功能强大的 JavaEE 集成开发环境。可以用它开发 Web 项目，并且可以在其内部配置需要的 Web 项目引擎，以便于测试及纠错，它自带的浏览器可以非常方便和直观地查看测试结果。本节介绍 MyEclipse 10.0 版本的安装、配置和使用。MyEclipse 6.0 以前的版本需先安装 Eclipse，因为 MyEclipse 曾经只是 Eclipse 的插件。从 MyEclipse 6.0 开始它就是一款独立的开发工具了，可以完整支持 HTML、Struts、JSF、CSS、Javascript、SQL、Hibernate。

实战演练 1-2　MyEclipse 的安装

【学习目标】掌握 MyEclipse 的安装及配置步骤。

【知识要点】MyEclipse 的安装与配置。

【完成步骤】

（1）解压 myeclipse 安装文件，双击"myeclipse-10.0-offline-installer-windows.exe"执行安装，进入安装界面如图 1-10 所示。

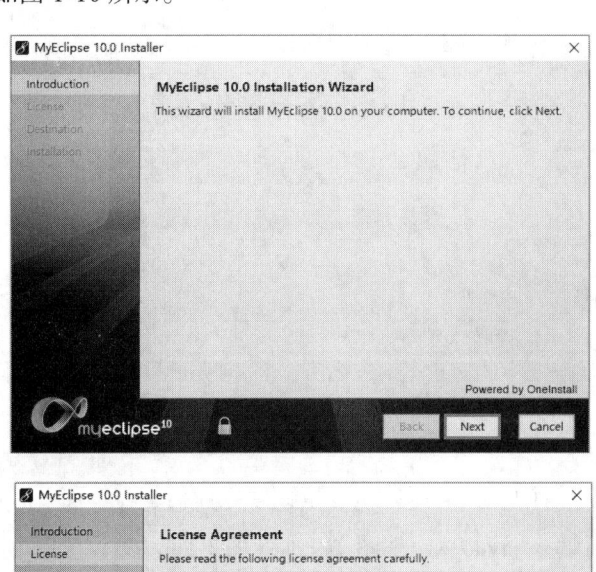

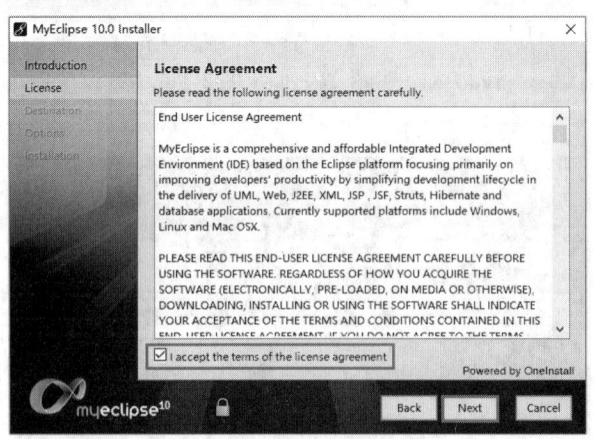

图 1-10　安装首页

（2）根据安装界面提示单击"Next"按钮即可，如图 1-11 所示，修改安装路径为 C:\MyEclipse。单击"Next"按钮，如图 1-12 所示，进入安装选项界面，选择默认设置。单击"Next"

按钮，如图 1-13 所示，根据计算机配置处理器选择 32 位或者 64 位。单击"Next"按钮，等待片刻即安装完成。

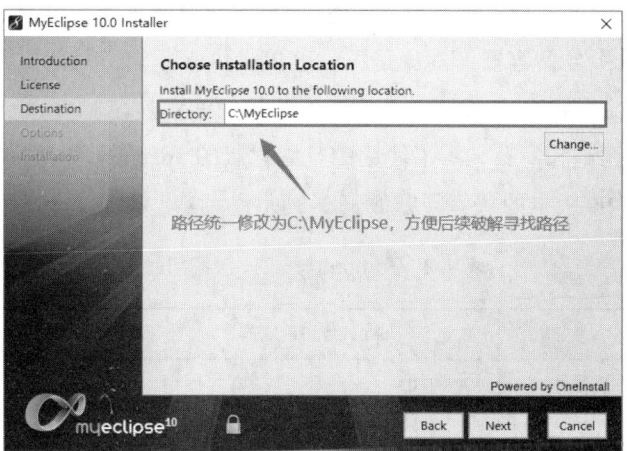

图 1-11　安装路径界面

图 1-12　安装选项界面

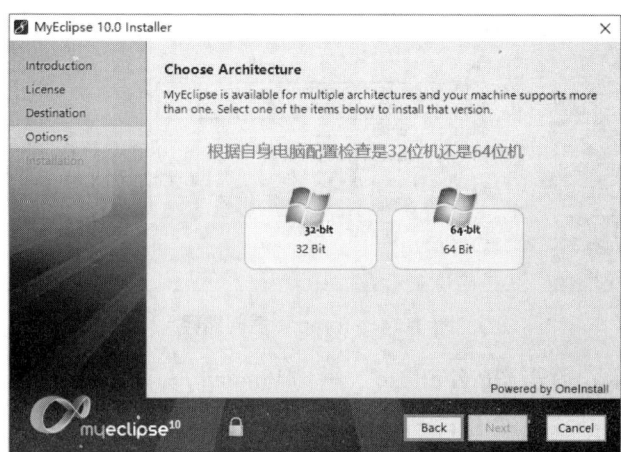

图 1-13　系统选择界面

开发 Java Web 程序，需要支持 Web 程序运行的服务器。Tomcat 是一个免费的、开源的 Servlet 容器，可以从 Tomcat 官网下载最新版本的 Tomcat。作为一个开放源码的软件，Tomcat 有着自己独特的优势，可以和目前大部分的主流服务器一起工作，而且有着相当高的运行效率。Tomcat 作为一个服务器容器，本身是可以直接提供服务的，只需要把建好的 Web 应用放到 webapp 文件夹中，启动 Tomcat 服务即可。本节讲的配置是在 MyEclipse 中开发 Web 应用，并且在 MyEclipse 中调试和发布。本书使用的是绿化版的 apache-tomcat-6.0.18，无须安装。

Tomcat 版本与 JDK 版本的兼容问题如表 1-2 所示。

表 1-2　Tomcat 与 JDK 兼容问题

Tomcat 版本	Servlet/JSP 规范	JDK 版本
Tomcat 9.X	4.0/TBD	8+
Tomcat 8.X	3.1/2.3	7+
Tomcat 7.X	3.0/2.2	6+

实战演练 1-3　Tomcat 的安装与启动

【学习目标】掌握 MyEclipse 中配置 Tomcat 的方法。

【知识要点】Tomcat 服务器的配置。

【完成步骤】

（1）配置 Tomcat。

① 将 apache-tomcat-6.0.18 文件包复制到 D 盘或其他盘，如图 1-14 所示。

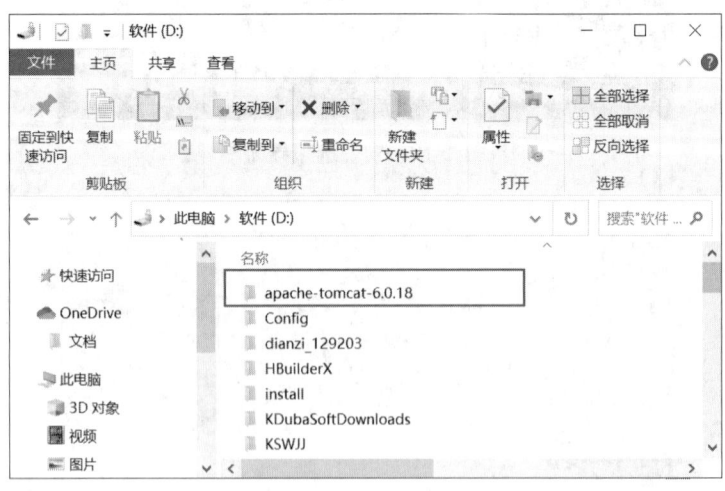

图 1-14　Tomcat 复制路径

② 如图 1-15 所示，单击"myEclipse"→"Window"→"Preferences"选项，从左侧树状目录中找到"myEclipse"→"Servers"→"Tomcat"→"Tomcat 6.X"选项，选择"Enable"单击按钮，将 Tomcat 的目录添加进来，如图 1-16 所示。

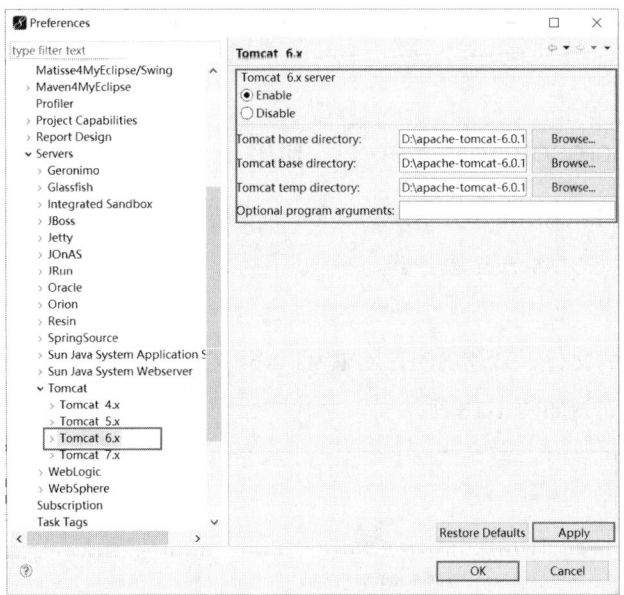

图 1-15　Tomcat 配置界面

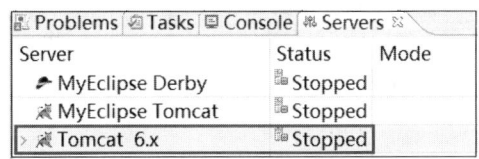

图 1-16　Server 面板界面

（2）测试 Tomcat 服务器。

首先确保 Tomcat 服务器在启动状态，打开 IE 浏览器，在地址栏中输入 http://localhost:8080，出现一只带小猫的页面即表示成功，如图 1-17 所示。

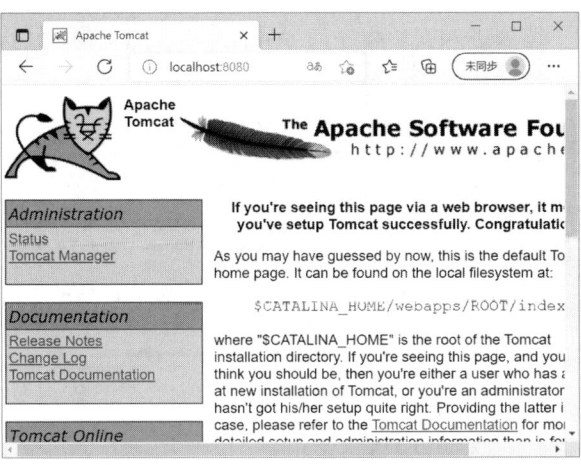

图 1-17　Tomcat 默认主页

SQL Server 2008 是微软推出的一款关系型数据库管理系统，2008 代表其版本。从 SQL Server 的早期版本发展至 2008，其已经能够提供一个丰富的服务集合来搜索、查询数据，以及进行数据分析、报表、数据整合等功能。以 SQL Server 2008 Express 版本管理后台数据库为例。

实战演练 1-4　Microsoft SQL Server 2008 安装

【学习目标】掌握 Microsoft SQL Server 2008 的安装方法。

【知识要点】配置 SQL Server 服务器。

【完成步骤】

（1）打开下载后的文件，双击 SQLEXPRWT_x64_CHS.exe 文件，连接网络，自动下载安装 .NET Framework 3.5，如图 1-18 所示。

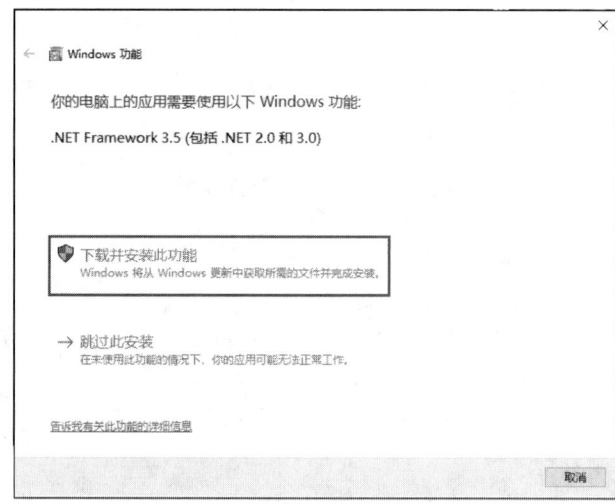

图 1-18　下载安装 .NET Framework 3.5

（2）进入图 1-19 所示的 SQL Server 安装中心界面，单击"安装"选项，选择"全新安装或向现有安装添加功能"选项进入安装程序向导界面，如图 1-20 所示。

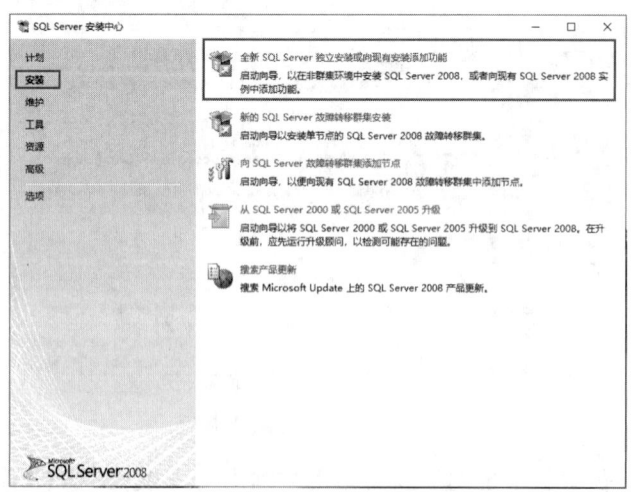

图 1-19　SQL Server 安装中心

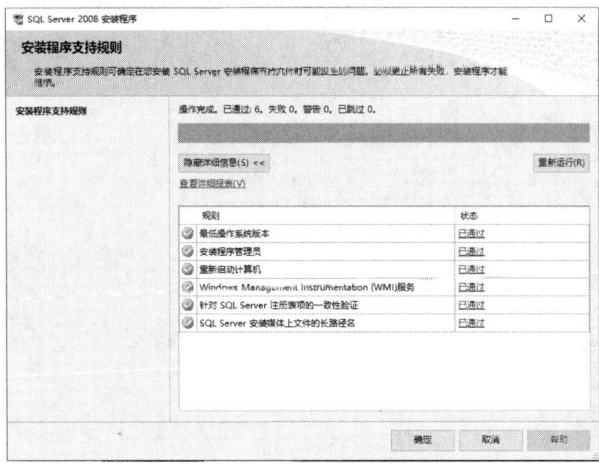

图 1-20　安装程序向导界面

（3）安装向导中出现输入产品密钥界面，输入相应的密钥，如图 1-21 所示。

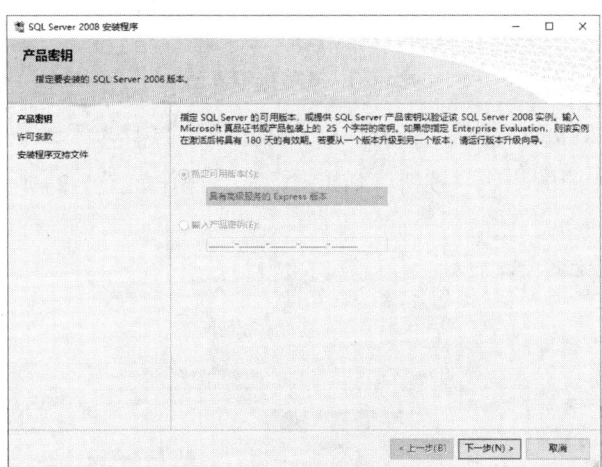

图 1-21　产品密钥输入界面

（4）进入系统安装许可条款界面，如图 1-22 所示。

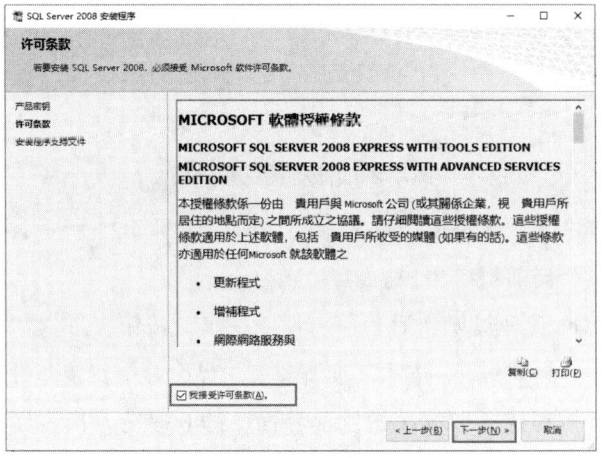

图 1-22　许可条款界面

（5）接下来只需单击"下一步"按钮即可，进入功能选择安装界面设置参数，如图 1-23 所示。

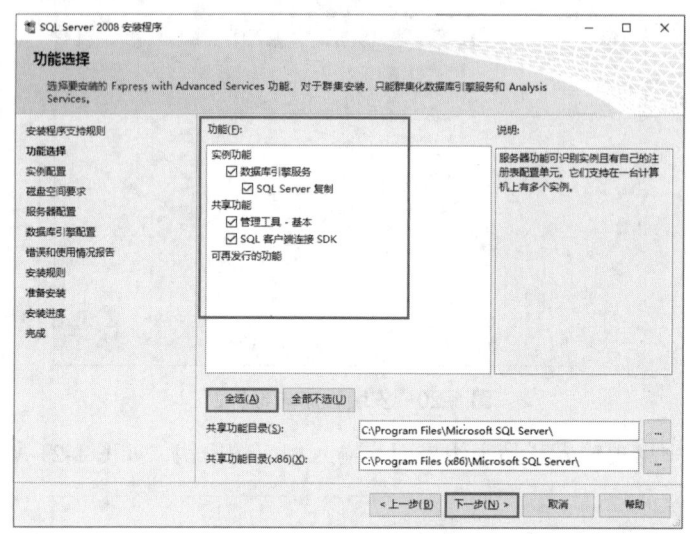

图 1-23　功能选择界面

（6）安装指导进入服务器配置界面，可以设置操作类型为手动或自动，单击"对所有 SQL Server 服务使用相同的账户"按钮，弹出对话框，操作如图 1-24 所示。

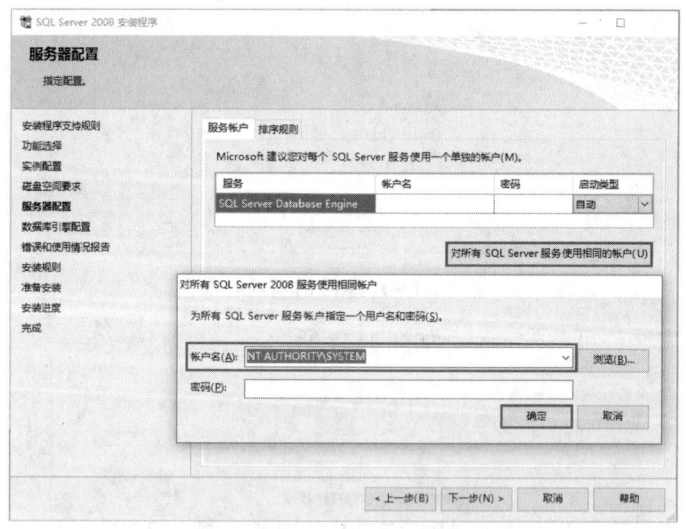

图 1-24　服务器配置界面

（7）根据上述操作进入"数据库引擎配置"界面，如图 1-25 所示，单击"添加当前用户"按钮，系统自动返回一个当前系统用户。

（8）指定 SQL Server 管理员操作后，单击"下一步"按钮，进入"安装配置规则"界面，验证通过后，单击"下一步"按钮，进入"准备安装"界面等待安装即可，如图 1-26 所示。

（9）单击"安装"按钮进入"安装进度"界面，静心等待，出现图 1-27 所示界面就表示成功安装 SQL Server 2008。

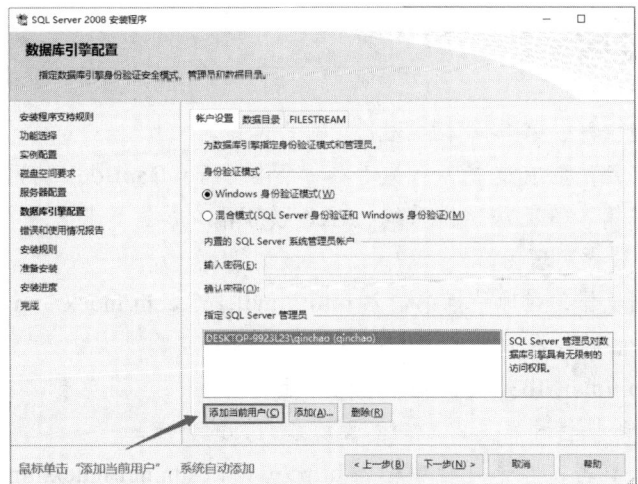

图 1-25　数据库引擎配置界面

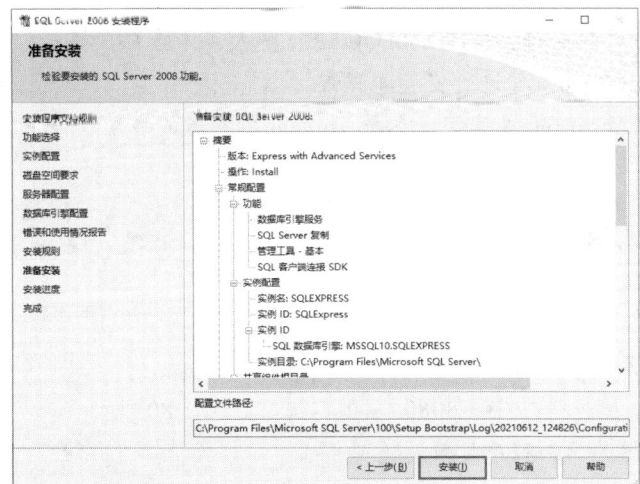

图 1-26　准备安装界面

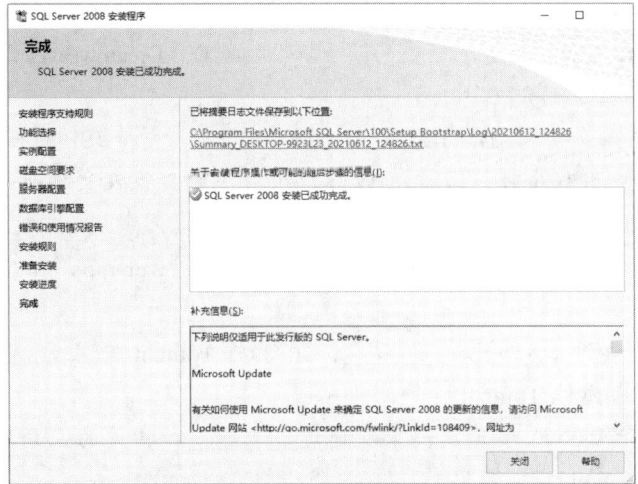

图 1-27　安装完成界面

课外拓展

【拓展1】访问淘宝网、京东网体验网上购物的过程。

【拓展2】如果您身边的有道书店需要建立一个名为YouDaoBook的网站来实现网上售书，请根据有道书店图书销售情况从操作系统、Web服务器、数据库管理系统角度考虑，确定开发该网站的方案，并请说明理由。

【拓展3】打开浏览器，在地址栏中输入http://mail.163.com/index.htm，进入网易公司的免费邮箱页面，查看地址栏和网页内容，体验静态页面的特点。

【拓展4】在http://mail.163.com/index.htm页面中单击"注册免费邮箱"链接，进入申请免费邮箱页面，查看地址栏和网页内容，体验动态网页的特点。

【拓展5】打开浏览器，在地址栏中输入http://www.csdn.net/index.htm进入中国程序员网站的主页，单击"免费注册"链接，进入注册页面，查看地址栏和网页内容，体验网站中静态页面和动态页面的结合。

【拓展6】分别使用本地QQ和网页版QQ进行聊天，体验C/S模式和B/S模式的不同。

【拓展7】下载JDK 1.6，并进行安装和配置。

【拓展8】下载Tomcat 6.0并安装，熟悉Tomcat服务器的启动、停止和退出操作。

课后习题

一、选择题

1. Tomcat服务器的默认端口为（　　）。
   A. 8888　　　　　　B. 8080　　　　　　C. 80　　　　　　D. 8001
2. Tomcat服务器的示例程序目录是（　　）。
   A. bin　　　　　　B. example　　　　　C. webapps　　　　D. ork
3. 一个JSP应用开发项目不需要的开发工具是（　　）。
   A. JDK　　　　　　　　　　　　　　　B. Tomcat服务器
   C. MyEclipse　　　　　　　　　　　　D. Dreamweaver
4. 不是JSP运行必需的是（　　）。
   A. 操作系统　　　　　B. JDK　　　　　C. 支持JSP的服务器　D. 数据库
5. 当发布Web应用程序时，通常把Web应用程序的目录及文件放到Tomcat的（　　）目录下。
   A. work　　　　　　B. temp　　　　　　C. webapps　　　　D. conf

二、填空题

1. Tomcat的启动脚本程序是_____，用于将Tomcat安装为Windows的服务，当Windows启动时，自动加载Tomcat。

2. 采用JSP进行Web程序开发，需要通过_____和相关的应用服务器（如Tomcat、WebLogic等）来搭建Web服务器。

3. Tomcat 6.0 中用于启动、停止服务的可执行文件和批处理文件存放于其安装目录下面的_____子目录。

4. Tomcat 服务器目录结构：

\bin\：Tomcat 中的一些可执行文件和批处理文件，用于启动、停止服务等。

\conf\：存放 Tomcat 中的各种全局_____文件。

\lib\：Tomcat 运行库文件。

\logs\：运行日志。

\temp\：临时目录。

\webapps\：项目发布目录。

\work\：存放 JSP 编译后生成 Java 代码和 class 类。

三、简答题

简述 JSP 开发环境需要的基本软件工具及各软件的功能作用。

任务 2 创建一个 Web 项目

学习目标

1. 理解 JSP 的工作原理。
2. 理解 JSP 的工作周期。
3. 理解 Web 服务目录。
4. 掌握创建 Web 项目的方法。
5. 掌握创建 JSP 页面的方法。

2.1 知识准备——JSP 工作原理

JSP 全称是 Java server pages，是一种动态网页技术，JSP 就是在 HTML 中插入了 Java 代码和 JSP 标签之后形成的文件，文件名以 .jsp 结尾，JSP 就是一个 Servlet。

在 Servlet 中编写 HTML 很不方便，而写 JSP 就像在写 HTML，但相比 HTML，HTML 只能为用户提供静态数据，即静态页面，而 JSP 技术允许在页面中嵌套 Java 代码，为用户提供动态数据，从而形成动态页面，需要注意的是，最好只在 JSP 中编写动态输出的 Java 代码。

一个简单的 JSP 页面由 HTML、Java、JSP 语言等构成，如图 2-1 所示。

```
<%@ page language="java" contentType="text/html; charset=utf-8"
    pageEncoding="utf-8"%>
<%@ page import="java.util.*" %>
<!DOCTYPE html PUBLIC "-//W3C//DTD HTML 4.01 Transitional//EN" "http://www.w3.org/TR/html4/loose.dtd">
<html>
<head>
<meta http-equiv="Content-Type" content="text/html; charset=ISO-8859-1">
<title>第一个JSP</title>
</head>
<body>
    <%
        Date d = new Date();
        out.write(d.toLocaleString());
    %>
</body>
</html>
```

图 2-1 一个简单的 JSP 页面

JSP 页面的访问者无须安装任何客户端，甚至不需要可以运行 Java 的运行环境，因为 JSP 页面输送到客户端的是标准 HTML 页面，其工作原理如图 2-2 所示。

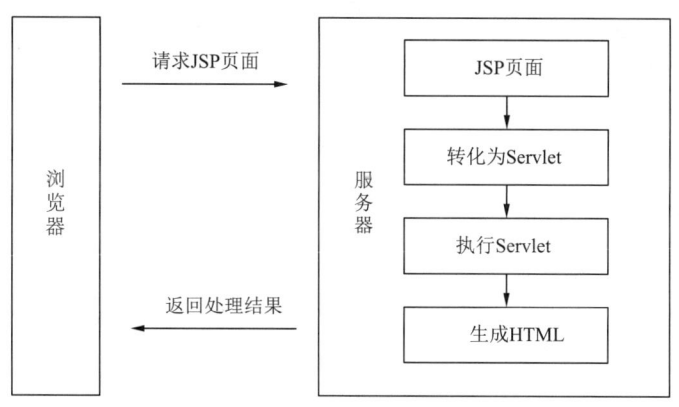

图 2-2　JSP 工作原理

当一个 JSP 文件第一次被请求的时候，JSP 引擎（本身也是一个 Servlet）首先会把这个 JSP 文件转换成一个 Java 源文件。在转换过程中如果发现 JSP 文件有语法错误，转换过程将中断，并向服务端和客户端输出出错信息；如果转换成功，JSP 引擎用 javac 把该 Java 源文件编译成相应的 .class 文件，并将该 .class 文件加载到内存中。

其次创建一个 Servlet 的实例，并执行该实例的 jspInit() 方法（jspInit() 方法在 Servlet 的生命周期中只被执行一次）。

然后创建并启动一个新的线程，新线程调用实例的 jspService() 方法。对于每一个请求，JSP 引擎会创建一个新的线程来处理该请求。如果有多个客户端同时请求该 JSP 文件，则 JSP 引擎会创建多个线程，每个客户端请求对应一个线程。

浏览器在调用 JSP 文件时，Servlet 容器会把浏览器的请求和对浏览器的回应封装成 HttpServletRequest 和 HttpServletResponse 对象，同时调用对应的 Servlet 实例中的 jspService() 方法，把这两个对象作为参数传递到 jspService() 方法中。jspService() 方法执行后会将 HTML 内容返回给客户端。

如果 JSP 文件被修改了，服务器将根据设置决定是否对该文件进行重新编译。如果需要重新编译，则将编译结果取代内存中的 Servlet，并继续上述处理过程。如果在任何时候由于系统资源不足，JSP 引擎将以某种不确定的方式将 Servlet 从内存中移去。当这种情况发生时，jspDestroy() 方法首先被调用，然后 Servlet 实例便被标记加入"垃圾收集"处理。

实战演练 2-1　使用 MyEclipse 创建第一个 Web 应用

【学习目标】掌握创建 Web 项目的方法。

【知识要点】Web 应用目录结构。

【完成步骤】

（1）启动 MyEclipse，选择一个工作空间，进入到 MyEclipse 的开发界面，如图 2-3 所示。

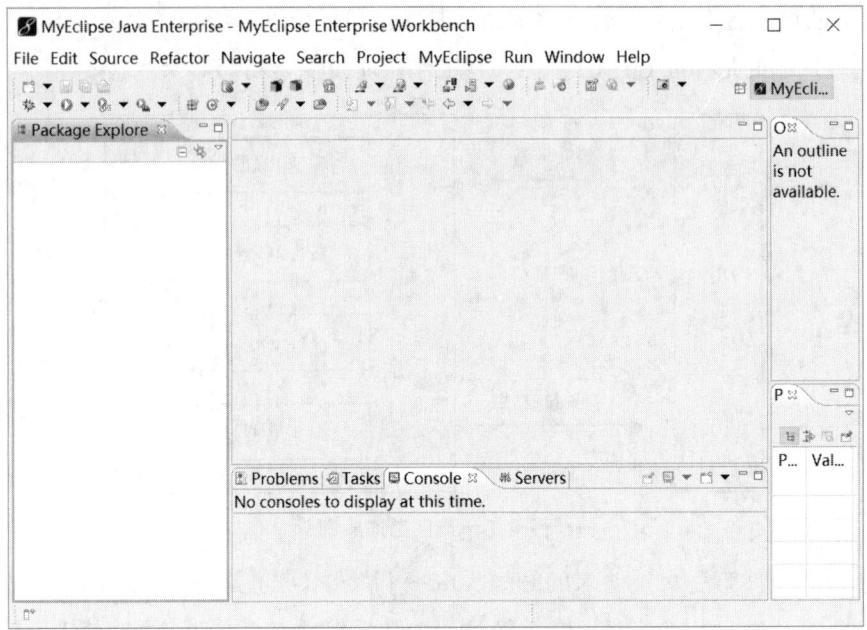

图 2-3　MyEclipse 开发界面

（2）依次单击"File"→"New"→"Web Project"菜单，打开图 2-4 所示对话框，在"Project Name"文本框中输入项目名称 ch2，单击"Finish"按钮，完成 Web 项目的创建。

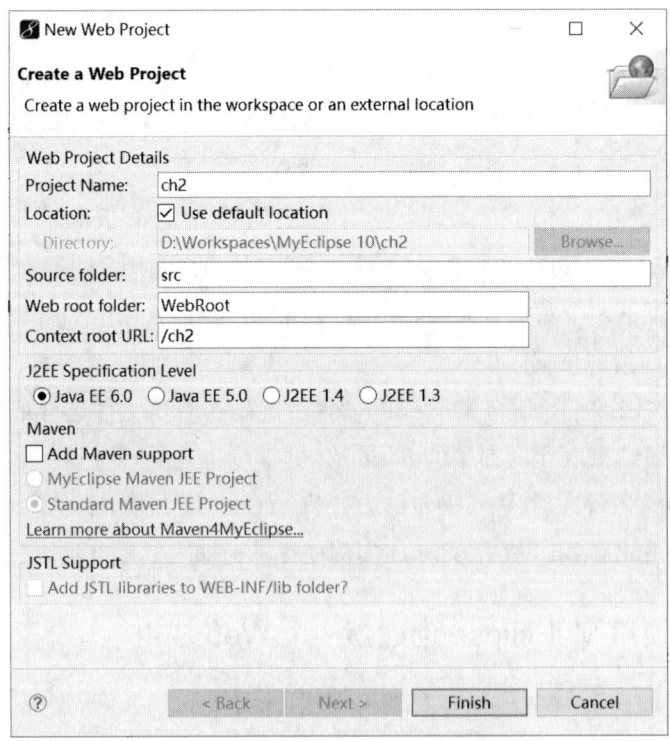

图 2-4　创建 Web 项目界面

Web 模块，也就是 Servlet 规范中的 Web 应用。在 JavaEE 架构中，Web 模块是最小的

Web 部署单元,其中包含 Web 组件以及静态资源,如图片之类的静态资源也被称为 Web 资源。

除 Web 组件和 Web 资源以外,Web 模块中还可以包含其他文件,如服务端运行所需的工具类、JAR 包等。

Web 模块有特定的应用目录结构,如图 2-5 所示。

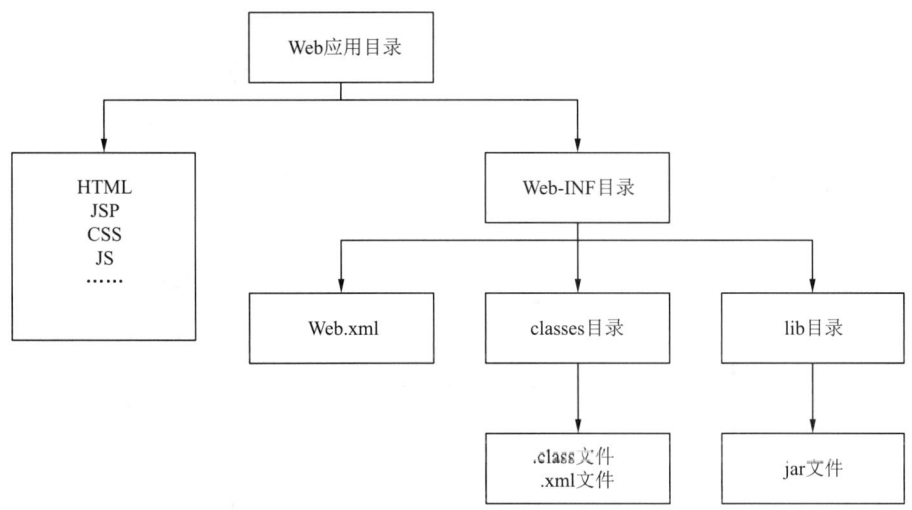

图 2-5　Web 应用目录结构

顶层目录对应 Web 模块结构,根目录下面包含 Web-INF 和 Web 页面。Web-INF 目录中包含应用软件所使用的资源,包含 lib 目录、classes 目录和 web.xml 文件。在这个目录中所包含的文件都不能被客户机所访问。其中:classes 目录用来存放服务端相关的 class 文件,如 Servlet、bean、工具类以及运行时资源,如 XML、配置文件等;lib 目录中存放 Web 应用使用的各种 JAR 文件;Web.xml 是部署说明信息,使用 JSP 技术时,如果需要指定特别的安全信息,或者覆盖 Web component 上的注解配置,则需要通过 web.xml 文件来指定。

根据需要,在根目录和 Web-INF/classes/ 下面,可以添加文件夹或 package。

Web 模块可以解压为文件夹来部署,也可以部署为单个 WAR 包(Web Archive),本质上 WAR 包是一个 ZIP 格式的 JAR 文件。因为 WAR 里面的内容和常规的 JAR 不同,所以使用 .war 扩展名来区分。Web 模块具有可移植性(portable),能部署到符合 Java Servlet 规范的各种 Web 容器里。

2.2　知识准备——JSP 生命周期

理解 JSP 底层功能的关键就是理解它们所遵守的生命周期。JSP 的生命周期如图 2-6 所示,包括以下几个阶段:

(1)编译阶段:Servlet 容器编译 Servlet 源文件,生成 Servlet 类。

(2)初始化阶段:加载与 JSP 对应的 Servlet 类,创建其实例,并调用它的初始化方法。

（3）执行阶段：调用与 JSP 对应的 Servlet 实例的服务方法。

（4）销毁阶段：调用与 JSP 对应的 Servlet 实例的销毁方法，然后销毁 Servlet 实例。

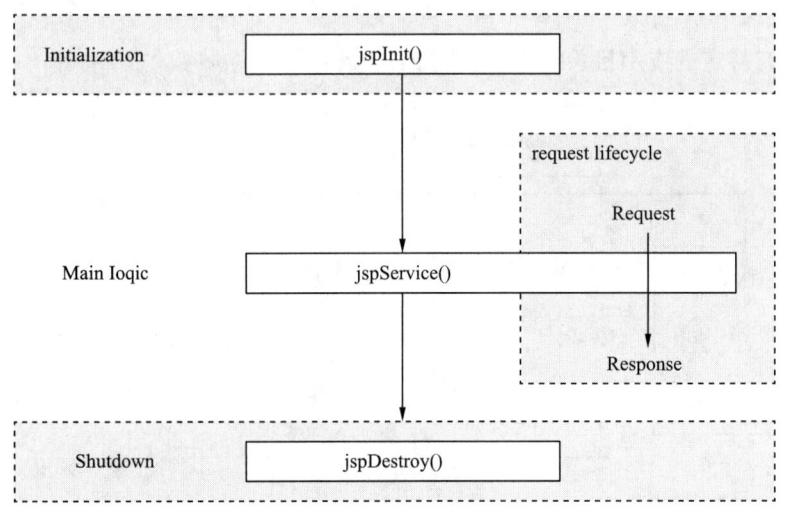

图 2-6　JSP 的生命周期

实战演练 2-2　使用 MyEclipse 创建第一个 JSP 程序

【学习目标】掌握 JSP 程序的创建方法。

【知识要点】JSP 文件的创建、编辑；项目的部署运行。

【完成步骤】

（1）右击"Web Root"→"New"→"JSP"命令，打开图 2-7 所示的对话框，在"File Name"文本框中输入 MyHome.jsp，单击"Finish"按钮，完成 JSP 页面的创建。

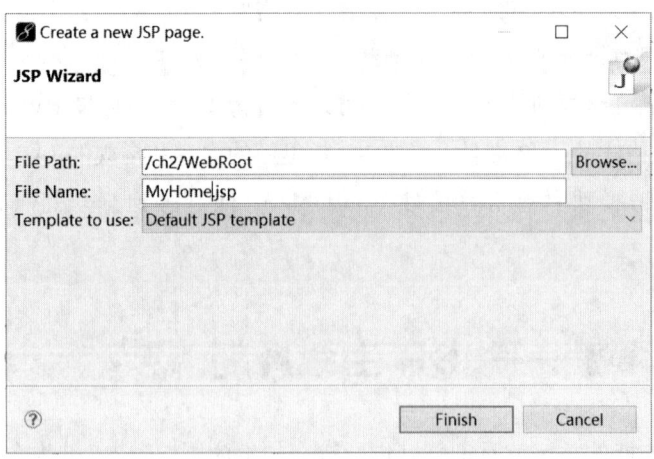

图 2-7　JSP 页面的创建

（2）进入 JSP 文件的编辑界面，编写图 2-8 所示的代码后保存。

任务 2 | 创建一个 Web 项目

```
 1  <%@ page language="java" import="java.util.*" pageEncoding="UTF-8"%>
 2  <%
 3  String path = request.getContextPath();
 4  String basePath = request.getScheme()+"://"+request.getServerName()+":"+request.getServerPort()+path+"/";
 5  %>
 6  <!DOCTYPE HTML PUBLIC "-//W3C//DTD HTML 4.01 Transitional//EN">
 7  <html>
 8    <head>
 9      <base href="<%=basePath%>">
10  
11      <title>My JSP 'MyHome.jsp' starting page</title>
12  
13      <meta http-equiv="pragma" content="no-cache">
14      <meta http-equiv="cache-control" content="no-cache">
15      <meta http-equiv="expires" content="0">
16      <meta http-equiv="keywords" content="keyword1,keyword2,keyword3">
17      <meta http-equiv="description" content="This is my page">
18      <!--
19      <link rel="stylesheet" type="text/css" href="styles.css">
20      -->
21    </head>
22    <body>
23       这是我的第一个JSP程序. <br>
24    </body>
```

图 2-8 编写 JSP 文件代码界面

（3）启动 Tomcat 服务器。如图 2-9 所示，在工具栏中单击 按钮，选择"Tomcat 6.x"→"Start"命令，启动 Tomcat 服务器。在 Console 控制台显示服务器启动过程，如出现图 2-10 所示内容，表示服务器启动成功。

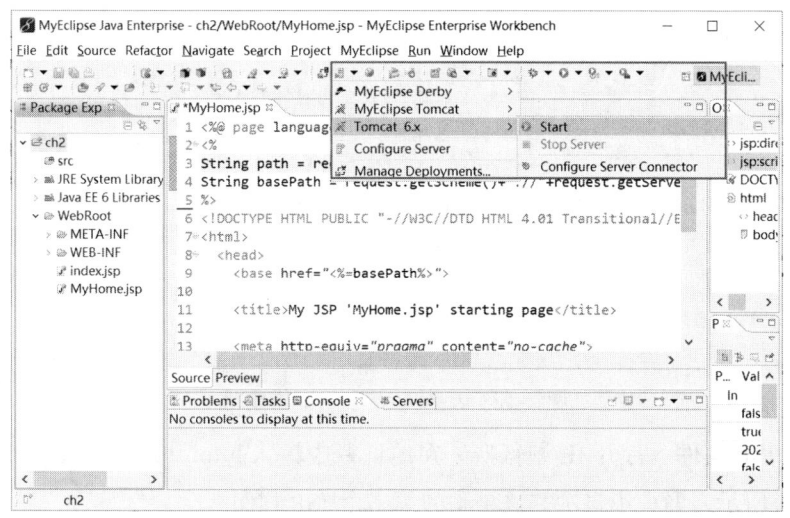

图 2-9 启动 Tomcat 服务器

图 2-10 Tomcat 启动成功

（4）部署 Java Web 项目。如图 2-9 所示，在工具栏中单击 按钮，出现图 2-11 所示对话框，单击"Add"按钮,在 Server 选项中选择"Tomcat 6.x 服务器",单击"Finish"按钮。在图 2-11 中 Deployment Status 下显示 Successfully deployed 信息,表示项目部署成功,如图 2-12 所示。

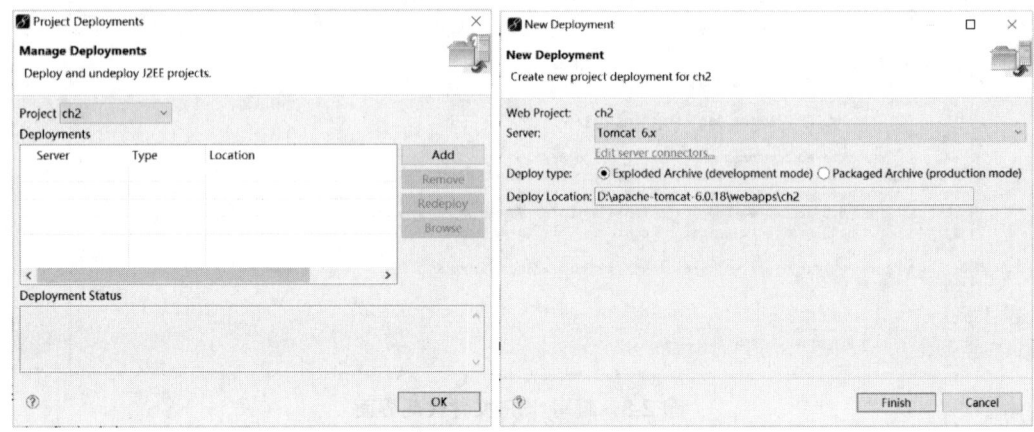

图 2-11 部署操作界面

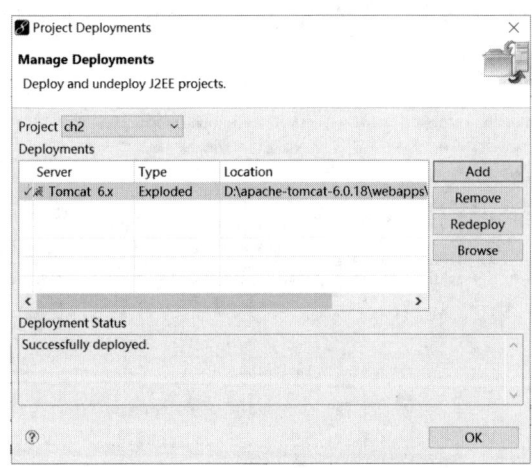

图 2-12 JavaWeb 项目部署成功

(5)运行 JSP 文件。打开 IE 浏览器,在地址栏中输入 http://localhost:8080/ch2/MyHome.jsp,如图 2-13 所示,网页中显示"这是我的第一个 JSP 程序"。

图 2-13 JSP 页面运行成功界面

课外拓展

【拓展1】在 Tomcat 服务器下建立自己的 Web 应用程序目录 myweb，按要求建立和配置好 web.xml 文件。再使用记事本编写一个简单的显示 Welcome to JSP 的 JSP 程序（welcome.jsp）。在浏览器中运行该程序，体验 JSP 程序的编写和运行方法。

【拓展2】在 Tomcat 服务器停止的情况下，通过浏览器打开已经在拓展1中建立的 welcome.jsp 文件，体验 Tomcat 服务器的作用。

课后练习

一、选择题

1. Tomcat 服务器的示例程序目录是（   ）。
   A. bin　　　　　　B. example　　　　C. webapps　　　　D. lib
2. 一个 JSP 应用开发项目可以不需要的开发工具是（   ）。
   A. JDK　　　　　　B. Tomcat 服务器　　C. MyEclipse　　　D. Dream weaver
3. 当发布 Web 应用程序时，通常把 Web 应用程序的目录及文件放到 Tomcat 的（   ）目录下。
   A. work　　　　　　B. temp　　　　　　C. webapps　　　　D. conf5

二、填空题

1. JSP 的英文简称是_____。
2. JSP 的实质是_____。
3. Tomcat 的默认端口号是_____。
4. 当服务器上的一个 JSP 页面第一次请求执行时，首先将 JSP 文件转译成一个_____文件，再将这个文件编译生成_____文件。

三、简答题

1. 简述 JSP 的运行原理。
2. 简述如何安装和配置 JSP 运行环境。
3. 简述在 MyEclipse 平台上如何配置 JDK、Tomcat 和其他插件。

任务 3　HTML 基础

学习目标

1. 了解 HTML 常用标签。
2. 掌握表格的使用。
3. 掌握表单及表单元素的使用。
4. 掌握框架的创建。

3.1　知识准备——常用标签

一个简单的 HTML 文档，带有一些基本的必需的元素及常用元素，如表 3-1 所示。

表 3-1　HTLML 常用元素

标　　签	描　　述	标　　签	描　　述
<html>	定义 HTML 文档	<ul>	定义无序列表
<head>	定义关于文档的信息	<li>	定义列表的项目
<title>	定义文档的标题	<a>	定义锚
<body>	定义文档的主体	<b>	定义粗体字
<!--...-->	定义注释	<font>	定义文字的字体、尺寸和颜色

	定义简单的折行	<table>	定义表格
<hr>	定义水平线	<form>	定义供用户输入的 HTML 表单
<p>	定义段落	<frame>	定义框架集的窗口或框架
<img>	定义图像	<frameset>	定义框架集
<ol>	定义有序列表	<h1> to <h6>	定义 HTML 标题，可以改变标题的大小

实战演练 3-1　创建一个 HTML 静态网页

【学习目标】掌握 HTML 中基本元素的使用。

任务 3 | HTML 基础

【知识要点】静态网页的基本结构;基本元素的使用。

【完成步骤】

(1)创建一个名叫"ch3"的 Web 项目。依次单击"File"→"New"→"Web Project"菜单,在"Project Name"文本框中输入项目名称"ch3",单击"Finish"按钮,完成创建。

(2)创建一个名叫"Sample3-1.html"的 HTML 页面。右击"Web Root"→"New"→"HTML"命令,在"File Name"文本框中输入"Sample3-1.html",单击"Finish"按钮,完成 HTML 页面的创建。

(3)启动 Tomcat 服务器,部署 ch3 项目,在浏览器地址栏中输入"http://localhost:8080/ch3/Sample3-1.html",验证程序是否能正确运行。

【案例代码】Sample3-1.html 页面的代码如下所示:

```
1   <!DOCTYPE html>
2   <html>
3     <head>
4       <title>这是标题!</title>
5       <!-- 这是注释 -->
6     </head>
7     <body>
8       这里是文档内容。
9       <p>这是普通文本 <b>这是粗体文本</b></p> <br>
10      <a href="https://www.baidu.com/"><img src="baidu.jpg"  alt="超链接到百度"
11      />百度</a>
12      <ol>
13        <li>Coffee</li>
14        <li>Tea</li>
15        <li>Milk</li>
16      </ol>
17      <ul>
18        <li>Coffee</li>
19        <li>Tea</li>
20        <li>Milk</li>
21      </ul>
22    </body>
23  </html>
```

【程序说明】

第 1 行:说明这是一个 HTML 文档。

第 3 ~ 6 行:表示 HTML 文档的头部。其中第 4 行设置 HTML 文档的标题,第 5 行是一条注释语句。

第 7 ~ 22 行:表示 HTML 文档的主体部分。第 10 行超链接到百度网站,第 12 ~ 16 行是一个有序列表,第 17 ~ 21 行是一个无序列表。

【程序运行界面】程序运行界面如图 3-1 所示。

图 3-1 使用 HTML 基本元素的静态网页

3.2 知识准备——表格

在网页中制作一个简单的表格，需要用到一些表格的基本标签，如表 3-2 所示。

表 3-2 表格基本标签

标签	描述
<table>	定义表格
<caption>	定义表格的标题
<th>	定义表格内的表头单元格，有文本加粗居中的作用
<td>	定义表格中的列
<tr>	定义表格中的行

实战演练 3-2　创建表格

【学习目标】掌握 HTML 中表格标签的使用。

【知识要点】<table><caption><th><tr><td> 的使用。

【完成步骤】

（1）在"ch3"项目中创建一个名叫"Sample3-2.html"的 HTML 页面。右击"Web Root"→"New"→"HTML"命令，在"File Name"文本框中输入"Sample3-2.html"，单击"Finish"按钮，完成 HTML 页面的创建。

（2）启动 Tomcat 服务器，部署 ch3 项目，在浏览器地址栏中输入"http://localhost:8080/ch3/Sample3-2.html"，验证程序是否能正确运行。

【案例代码】 Sample3-2.html 页面的代码如下所示：

```
1   <!DOCTYPE html>
2   <html>
3   <head>
4   <title>Sample3-2.html</title>
5   </head>
6   <body>
7   <table border=1 width=300 hight=650>
8           <caption>学生信息表</caption>
9           <tr>
10              <th>班级</th>
11              <th>姓名</th>
12              <th>学号</th>
13              <th>成绩</th>
14          </tr>
15          <tr align=center>
16              <td rowspan=3>1801</td>
17              <td >张三</td>
18              <td>00001</td>
19              <td>95</td>
20          </tr>
21          <tr>
22              <td>李四</td>
23              <td>00002</td>
24              <td align="center">67</td>
25          </tr>
26          <tr>
27              <td>王五</td>
28              <td>00003</td>
29              <td align="center">81</td>
30          </tr>
31          <tr>
32              <td align="right" colspan=3 >合计</td>
33              <td> </td>
34          </tr>
35  </table>
36      </body>
37  </html>
```

【程序说明】

程序表示编写一个 5 行 4 列的表格。第 7～36 行是表格的核心代码。

第 7 行："border=1"设置表格的边框为 1。

第 8 行设置表格的标题，居中显示在表格的上方。

第 9~14 行，第 15~20 行，第 21~25 行，第 26~30 行，第 31~34 行分别表示表格的五行。其中第 15 行 "align=center" 写在 <tr> 行标签内，表示设置此行内容居中显示。第 24 行、第 32 行中设置属性 "align=center" 表示设置单元格信息居中显示。

第 10~13 行：使用 <th> 标签表示表格的表头，文本居中加粗显示。

第 16~19 行，第 22~24 行，第 27~29 行，第 32~33 行表示表格中的每个单元格。其中第 16 行使用 "rowspan=3" 向下合并三行，第 32 行使用 "colspan=3" 向右合并三列。

【程序运行界面】程序运行结果如图 3-2 所示。

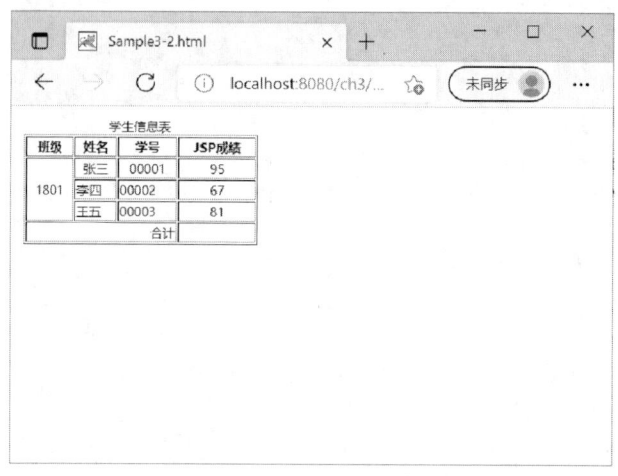

图 3-2 创建一个表格

3.3 知识准备——表单

在网页中制作一个注册表单，需要用到表单的一些表单元素及相关属性。表单元素指的是不同类型的 input 元素、复选框、单选按钮、提交按钮等，如表 3-3 所示。

表 3-3 表单基本标签及属性

标签/属性	描述
<form>	定义表单
type	指定元素的类型。text、password、checkbox、radio、submit、reset、file、hidden、image 和 button，默认为 text
name	指定表单元素的名称
value	元素的初始值。type 为 radio 时必须指定一个值
size	指定表单元素的初始宽度。当 type 为 text 或 password 时，表单元素的大小以字符为单位。对于其他类型，宽度以像素为单位
maxlength	type 为 text 或 password 时，输入的最大字符数
checked	type 为 radio 或 checkbox 时，指定按钮是否被选中

实战演练 3-3　创建用户注册表单

【学习目标】掌握 HTML 中表单元素的使用。

【知识要点】文本框、密码框、单选按钮、复选框、列表框、文本域的使用。

【完成步骤】

（1）在"ch3"项目中创建一个名叫"Sample3-3.html"的 HTML 页面。右击"Web Root"→"New"→"HTML"命令，在"File Name"文本框中输入"Sample3-2.html"，单击"Finish"按钮，完成 HTML 页面的创建。

（2）启动 Tomcat 服务器，部署 ch3 项目，在浏览器地址栏中输入"http://localhost:8080/ch3/Sample3-3.html"，验证程序是否能正确运行。

【案例代码】Sample3-3.html 页面的代码如下所示：

```
1   <!DOCTYPE html>
2   <html>
3       <head>
4       <title>Sample3-3.html</title>
5       </head>
6   <body>
7   <!-- 定义表单 form-->
8   <form action="#" method="post">
9   <table border="1" align="center" width="500">
10      <th colspan="2">用户注册 </th>
11      <tr>
12      <td><label for="username">用户名 </label></td>
13      <td><input type="text" name="username" id="username"></td>
14      </tr>
15      <tr>
16      <td><label for="password"> 密码 </label></td>
17      <td><input type="password" name="password" id="password" ></td>
18      </tr>
19      <tr>
20      <td><label for="tel">手机号 </label></td>
21      <td><input type="text" name="tel" id="tel"></td>
22      </tr>
23      <tr>
24      <td><label> 性别 </label></td>
25      <td><input type="radio" name="gender" value="male"> 男
26          <input type="radio" name="gender" value="female"> 女
27      </td>
28      </tr>
29      <tr>
30      <td><label for="birthday"> 出生日期 </label></td>
```

```html
31        <td><input type="text" name="year" id="year"> 年
32            <select name="month">
33                <option value="1">  1 </option>
34                <option value="2">  2 </option>
35                <option value="3">  3 </option>
36                <option value="4">  4 </option>
37                <option value="5">  5 </option>
38                <option value="6">  6 </option>
39                <option value="7">  7 </option>
40                <option value="8">  8 </option>
41                <option value="9">  9 </option>
42                <option value="10">  10</option>
43                <option value="11">  11</option>
44                <option value="12">  12</option>
45            </select> 月
46        </td>
47    </tr>
48    <tr>
49        <td><label for="checkcode">验证码</label></td>
50        <td><input type="text" name="checkcode" id="checkcode">
51            <img src="img/verify_code.jpg">
52        </td>
53    </tr>
54    <tr>
55        <td colspan="2" align="center">
56        <input type="submit" value=" 注册 "></td>
57    </tr>
58    </table>
59    </form>
60    </body>
61 </html>
```

【程序说明】

第 8 ~ 59 行：表示表单，并且用 2 行 2 列的表格控制表单的布局。

第 13 行：设置表单的文本框，供用户输入用户名。

第 17 行：设置表单的密码框，供用户输入密码。

第 25 ~ 26 行：设置表单的单选按钮，供用户选择性别。

第 32 ~ 45 行：设置表单的下拉菜单，供用户选择出生日期中的月份。

第 56 行：表单的提交按钮，当用户单击"注册"按钮，页面通过 <form> 标签中 action 属性设置的值，跳转至相应的页面。

【程序运行界面】程序运行结果如图 3-3 所示。

任务 3 | HTML 基础

图 3-3 创建用户注册表单

3.4 知识准备——框架

框架的使用可以实现在同一个浏览器窗口中显示不止一个页面。每份 HTML 文档称为一个框架，并且每个框架都独立于其他的框架。

<frameset> 是 HTML 中的定义框架集标签，定义如何将窗口分割为框架。可以组织多个框架，每个框架都由单独的 HTML 文档构成。它的作用就是对网页的整体进行划分和整体布局，可以同时显示多个超文本页面。每个 frameset 定义了一系列行或列，rows/cols 的值规定了每行或每列占据屏幕的面积。

<frame> 是 HTML 中的框架标签，定义了放置在每个框架中的 HTML 文档。HTML 中框架的基本标签及相关属性如表 3-4 所示。

表 3-4 框架的基本标签

标签	描述
<frameset>	定义框架集
<frame>	定义 frameset 中的一个特定的窗口（框架）

实战演练 3-4 使用框架创建一个网页

【学习目标】掌握 HTML 中框架标签的使用。

【知识要点】<frameset><frame> 标签的使用。

【完成步骤】

（1）在"ch3"项目中创建一个名叫"Sample3-4.html"的 HTML 页面。右击"Web Root"→"New"→"HTML"命令，在"File Name"文本框中输入"Sample3-4.html"，单击

"Finish"按钮，完成 HTML 页面的创建。

（2）在"WebRoot"目录下创建一个文件夹。右击"Web Root"→"New"→"Folder"命令，在"Folder Name"文本框中输入"html"，单击"Finish"按钮，完成文件夹的创建。

（3）在"html"文件夹中创建三个 HTML 页面，分别命名为"frame_a.html"、"frame_b.html"、"frame_c.html"。

frame_a.html 页面代码如下所示：

```
1    <!DOCTYPE html>
2    <html>
3      <body>This is top.</body>
4    </html>
```

frame_b.html 页面代码如下所示：

```
1    <!DOCTYPE html>
2    <html>
3      <body>This is left.</body>
4    </html>
```

frame_c.html 页面代码如下所示：

```
1    <!DOCTYPE html>
2    <html>
3      <body>This is bottom.</body>
4    </html>
```

（4）启动 Tomcat 服务器，部署 ch3 项目，在浏览器地址栏中输入"http://localhost:8080/ch3/Sample3-4.html"，验证程序是否能正确运行。

【案例代码】Sample3-4.html 页面的代码如下所示：

```
1    <!DOCTYPE html>
2    <html>
3      <head>
4        <title>Sample3-4.html</title>
5      </head>
6    <frameset rows="15%,80%,*">
7      <frame name="top" src="./html/frame_a.html" /><!-- 拥有15%的高度 -->
8        <frameset cols="25%,75%"><!-- 拥有80%的高度 -->
9          <frame name="left" src="./html/frame_b.html"><!-- 拥有25%的宽度 -->
10         <frame name="right" src=""><!-- 拥有75%的宽度 -->
11       </frameset>
12     <frame name="bottom" src="./html/frame_c.html" /><!-- 拥有5%的高度 -->
13   </frameset>
14   </html>
```

任务 3 | HTML 基础

【程序说明】

第 6～13 行：定义主体框架。第 6 行表示将页面分为三行，第一行占整体页面的 15%，第二行占页面整体的 80%，* 表示占剩下的全部页面。

第 7、9、10 行：表示向框架中加入超文本页面。

> **注意**：其中 <freamset>…</freamset> 不能和 <body>…</body> 一起使用，因为 freamset 代替了 body。

【程序运行界面】程序运行结果如图 3-4 所示。

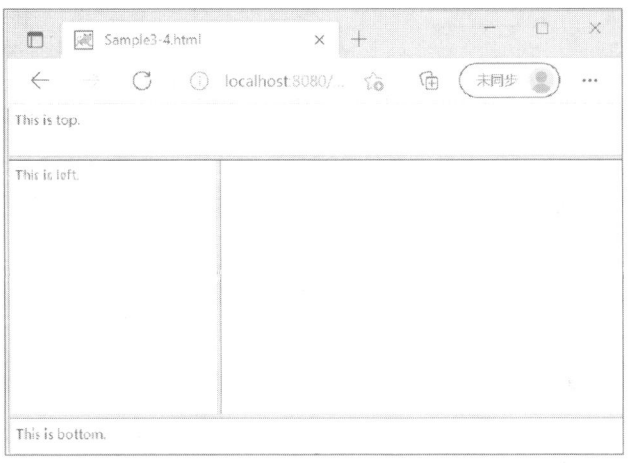

图 3-4 使用框架创建的一个页面

课外拓展

【拓展 1】编写网页 test.html，具体要求如下：

（1）网页中有个 8 行 2 列的表格，表格中嵌套 form 表单信息，表单处理程序为本页面程序，表单提交方式为 post。

（2）页面运行效果如图 3-5 所示。

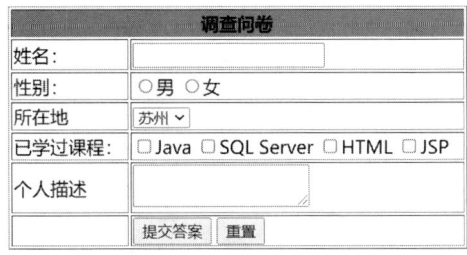

图 3-5 test.html 页面运行效果

【拓展 2】编写框架 frame.jsp，具体要求如下。

（1）框架中有三个网页，分别为"frame_a.htm""frame_b.htm"和"inde.jsp"，布局如图 3-6 所示。

（2）index.jsp 页面中完成登录功能，界面参照图 3-6 所示。

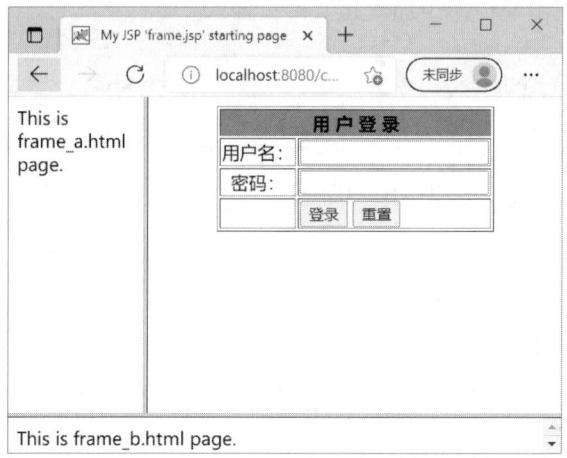

图 3-6　frame.jsp 页面运行效果

课后练习

一、选择题

1. HTML 代码 <img src="name"> 表示（　　）。

   A. 添加一个图像

   B. 排列对齐一个图像

   C. 设置围绕一个图像的边框的大小

   D. 加入一条水平线

2. 用于设置文字颜色的属性是（　　）。

   A. font-color　　B. color　　C. font-style　　D. font-variant

3. 定义列表的 HTML 代码是（　　）。

   A. ＜dt＞＜dl＞***＜dd＞***＜/dl＞

   B. ＜dd＞＜dt＞***＜dl＞***＜/dd＞

   C. ＜dt＞＜dd＞***＜dl＞***＜/dt＞

   D. ＜dl＞＜dt＞***＜dd＞***＜/dl＞

4. 在网页中显示特殊字符，如果要显示"<"，应使用（　　）。

   A. lt;　　B. ≪　　C. &lt　　D. <

5. 换行符的 HTML 代码是（　　）。

   A. <hr>　　B.
　　C. <tr>　　D. <hr></hr>

6. 在HTML中，标签＜i＞的作用是（　　）。

　　A. 文本的字体加粗　　　　　　B. 文本的字体变细

　　C. 文本的字体加下划线　　　　D. 文本字体为斜体

7. 以下有关HTML标记符的属性，说法错误的是（　　）。

　　A. 在HTML中，所有的属性写在开始标记符的尖括号里

　　B. 属性与HTML标记符的名称之间用空格隔开

　　C. 属性的值放在相应的属性之后，用等号分隔，而不同的属性之间用分号分隔

　　D. HTML属性通常也不区分大小写

二、填空题

1. 设定图片高度及宽度的属性是_____，_____。

2. _____是网页与网页之间联系的纽带，也是网页的重要特色。

3. 设置文字的颜色为红色的标记格式是_____。

4. 在网页显示特殊字符，如果要输入空格，应使用_____。

5. ＜title＞标签应位于_____标签之间。

任务 4

JSP 基本语法

> 📝 **学习目标**
>
> 1. 了解 JSP 页面的基本构成。
> 2. 掌握 JSP 的脚本元素。
> 3. 学会使用 JSP 指令。
> 4. 学会使用 JSP 的动作标记。

4.1 知识准备——JSP 页面的基本构成

在 HTML 页面文件中加入 Java 程序段和 JSP 标签，即可构成一个 JSP 页面文件，通常一个 JSP 页面由五种元素组合而成。

（1）普通的 HTML 标记符。

（2）JSP 标签，如指令标签、动作标签。

（3）变量和方法的声明。

（4）Java 程序段。

（5）Java 表达式。

当服务器上的 JSP 页面被第一次请求执行时，服务器上的 JSP 引擎首先将 JSP 页面文件转译成 Java 文件，再将 Java 文件编译，生成字节码文件，然后通过执行字节码文件响应客户的请求，这个字节码文件的任务如下：

（1）把 JSP 页面中普通的 HTML 标记符号交给客户的浏览器执行并显示。

（2）JSP 标签、数据和方法声明、Java 程序段由服务器负责执行，将需要显示的结果发送给客户的浏览器。

（3）Java 表达式由服务器负责计算，并将结果转化为字符串，然后交给客户的浏览器负责显示。

4.2 知识准备——JSP 注释

在 JSP 规范中的注释可以分为两种：一种是显式注释；另一种是隐式注释。

显式注释是指会在客户端（浏览器）显示的注释。这种注释的语法和 HTML 中的注释相同，可以通过 IE "查看"菜单中的"查看源文件"查看。

显式注释的语法格式如下：

```
<!-- 注释内容 -->
```

和 HTML 中的注释不同的是：显式注释除了可以输入静态内容外，还可以输出表达式的结果，如输出当前时间等。

如果在 JSP 文件中包括以下代码：

```
<!-- This page is loaded on <%= (new java.util.Date()).toLocaleString() %> -->
```

客户端的 HTML 源文件内容为：

```
<!-- This page is loaded on 2019-10-16 10:30:55 -->
```

隐式注释是指注释虽然写在 JSP 程序中，但是不会发送给客户。隐式注释的语法格式如下：

```
<%-- 注释内容 --%>
```

实战演练 4-1　JSP 中注释的使用

【学习目标】掌握显式注释和隐式注释的用法及区别。

【知识要点】显式注释和隐式注释。

【完成步骤】

（1）创建一个名叫"ch4"的 Web 项目。依次单击"File"→"New"→"Web Project"菜单项，在"Project Name"文本框中输入项目名称"ch4"，单击"Finish"按钮，完成创建。

（2）创建一个名叫"Sample4-1.jsp"的 JSP 页面。右击"Web Root"→"New"→"JSP"命令，在"File Name"文本框中输入"Sample4-1.jsp"，单击"Finish"按钮，完成 JSP 页面的创建。

（3）启动 Tomcat 服务器，部署 ch4 项目，在浏览器地址栏中输入"http://localhost:8080/ch4/Sample4-1.jsp"，在浏览器中显示"JSP 注释"文字，同时在 IE 浏览器中选择"查看"→"源文件"菜单项后，在记事本中显示 Sample4-1.jsp 文件对应的源文件，从文件中可以看到隐式注释没有显示出来。

【案例代码】Sample4-1.jsp 页面的代码如下所示：

```
1    <html>
2    <!-- 这段注释在源文件中可见 -->
```

```
3    <!-- This page is loaded on <%= (new java.util.Date()).toLocaleString() %> -->
4    <head>
5      <title> JSP 注释 </title>
6    </head>
7    <body>
8      <h2> JSP 注释 </h2>
9  <%-- 这段注释源文件中不可见 --%>
10   <!-- 上一行的内容不在源文件可见 -->
11   </body>
12 </html>
```

【程序说明】

第 2 行：应用显式注释显示静态内容。

第 3 行：应用显式注释显示动态内容。

第 9 行：使用隐式注释，不在对应的 HTML 文件中显示。

第 10 行：使用显式注释显示静态内容。

【程序运行界面】程序运行结果如图 4-1 所示。

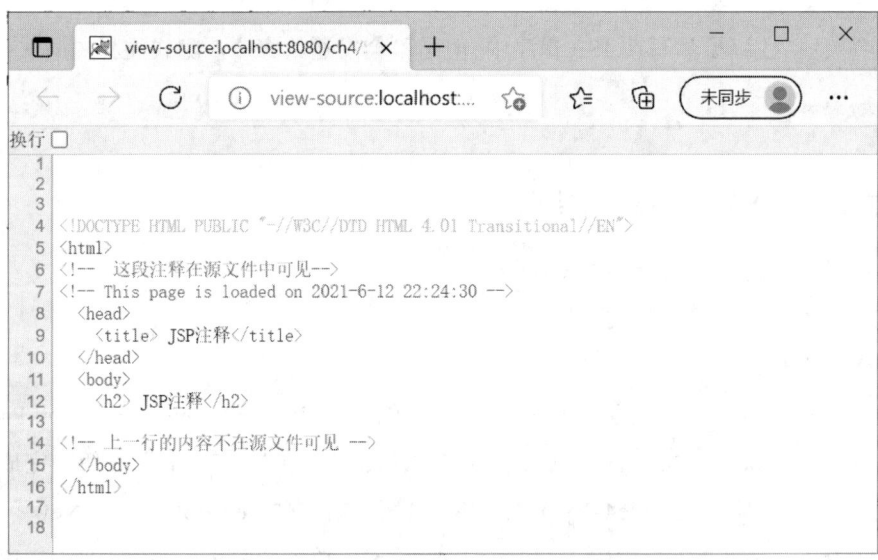

图 4-1　使用注释编写程序运行结果

4.3 知识准备——JSP 脚本元素

JSP 程序主要由脚本元素组成。在 JSP 页面中有三种脚本元素：声明、小脚本和表达式。

4.3.1 声明

声明（declaration）表示一段 Java 代码，用来在 JSP 页面中声明变量和定义类的属性和方法。声明后的属性和方法可以在 JSP 文件的任意地方使用。

声明的语法结构如下：

```
<%! 声明的内容 %>
```

以下为 JSP 程序中的声明程序代码：

```jsp
<%!
    int n=0;     <!-- 声明一个变量 n-->
    int sum(int a, int b){       <!-- 声明一个方法 sum ( ) -->
    return a+b;
    }
    String color[] = {"red", "green", "blue"};    <!-- 声明一个数组 -->
    String getColor(int i){      <!-- 声明一个方法 getColor ( ) -->
    return color[i];
    }
%>
```

实战演练 4-2　JSP 声明的使用

【学习目标】掌握 JSP 文件中声明的使用。

【知识要点】声明代码的编写、执行及优缺点。

【完成步骤】

（1）在"ch4"的 Web 项目中创建一个名叫"Sample4-2.jsp"的 JSP 页面。右击"Web Root"→"New"→"JSP"命令，在"File Name"文本框中输入"Sample4-2.jsp"，单击"Finish"按钮，完成 JSP 页面的创建。

（2）在 Sample4-2.jsp 页面中输入相应代码。

（3）启动 Tomcat 服务器，部署 ch4 项目，分别打开三个浏览器，在浏览器地址栏中输入"http://localhost:8080/ch4/Sample4-2.jsp"。

【案例代码】Sample4-2.jsp 页面的核心代码如下所示：

```jsp
1    <body>
2    <!-- 声明一个求偶数和的方法 -->
3    <%!
4    public int getSum(int n){
5      int sum =0;
6      for(int i=1;i<=n;i++){
7        if(i%2==0){
8          sum = sum + i;
9        }
10     }
11     return sum;
```

```
12      }
13  %>
14  <!--Java 表达式 -->
15  1-30 的偶数和: <%= getSum(30) %>
16  </body>
```

【程序说明】

第 3 ~ 13 行：JSP 声明，声明了一个求 1 ~ n 之间偶数和的 Java 方法。

第 15 行：JSP 的表达式，通过调用求和方法 getSum() 求得所有数之和。

【程序运行界面】程序运行结果如图 4-2 所示。

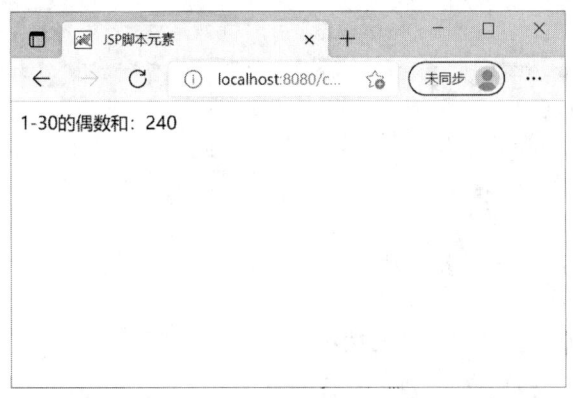

图 4-2　使用声明编写程序运行结果

4.3.2　小脚本

小脚本（scriptlet）是嵌入在 JSP 页面中的 Java 代码段，可以包含声明变量和方法、输出语句、流程控制语句等。脚本程序在客户端请求时先被服务器执行，它可以产生输出，并把输入发送到客户的输出流，同时也可以是一段流程控制语句。

脚本的语法结构如下：

```
<%    代码段    %>
```

以下为 JSP 程序中的脚本程序代码：

```
<%
    int m=0;
    n++;
    m++;
    int result=sum(1,2);
    out.print(" 成员变量 n 的值为: "+n+"<br>");
    out.print(" 局部变量 m 的值为: "+m+"<br>");
    out.print("1+2="+result+"<br>"+"<br>");
    out.print(" 第 "+n+" 个客户 ");
%>
```

实战演练 4-3　JSP 小脚本的使用

【学习目标】掌握 JSP 小脚本的应用。

【知识要点】脚本的基本语法。

【完成步骤】

（1）在 "ch4" 的 Web 项目中创建一个名叫 "Sample4-3.jsp" 的 JSP 页面。右击 "Web Root" → "New" → "JSP" 命令，在 "File Name" 文本框中输入 "Sample4-3.jsp"，单击 "Finish" 按钮，完成 JSP 页面的创建。

（2）在 Sample4-3.jsp 页面中输入相应代码。

（3）启动 Tomcat 服务器，部署 ch4 项目，分别打开三个浏览器，在浏览器地址栏中输入 "http://localhost:8080/ch4/Sample4-3.jsp"。

【案例代码】Sample4-3.jsp 页面的核心代码如下所示：

```
1   <body>
2     <%
3     for(int i=1;i<-3;i++){
4             for(int j=1;j<=i;j++){
5     %>
6     * 
7     <%
8     }
9     %>
10    <br>
11    <%
12    }
13    %>
14  </body>
```

【程序说明】

第 2～13 行：在 JSP 页面中编写的 Java 程序代码段。

第 6 行：表示在网页原样输出星号（*）和一个空格。

第 10 行：表示在网页中输出换行。

【程序运行界面】程序运行结果如图 4-3 所示。

图 4-3　使用小脚本编写程序运行结果

4.3.3 表达式

表达式在 JSP 请求处理阶段进行运算，然后将其值嵌入到 HTML 的输出中。表达式的元素在运行后被自动转化为字符串，然后插入到这个表达式的 JSP 文件的位置显示。因为这个表达式的值已经转化为字符串，所以能在一行文本中插入这个表达式。表达式是一个简化了的 out.println 语句。与变量声明不同，表达式不能以分号结束。

表达式的语法结构如下：

```
<%= 表达式   %>
```

以下是在 JSP 程序中使用表达式的代码：

```
<P>1+2=<%=sum(1,2)%></P>
```

```
<%
    int m=0;
    n++;
    m++;
%>
    成员变量 n 的值为：<% =n %> <br>
    局部变量 m 的值为：<% =m %><br>
    <P>1+2=<%=sum(1,2)%></P>
    第 <% =n %> 个客户
```

实战演练 4-4　JSP 表达式的使用

【学习目标】掌握 JSP 表达式。

【知识要点】表达式的基本语法。

【完成步骤】

（1）在"ch4"的 Web 项目中创建一个名叫"Sample4-4.jsp"的 JSP 页面。右击"Web Root"→"New"→"JSP"命令，在"File Name"文本框中输入"Sample4-4.jsp"，单击"Finish"按钮，完成 JSP 页面的创建。

（2）在 Sample4-4.jsp 页面中输入相应代码。

（3）右击"Web Root"→"New"→"Folder"命令，新建一个文件夹 img，将"1.jpg"图片保存至 img 文件夹中。

（4）启动 Tomcat 服务器，部署 ch4 项目，分别打开三个浏览器，在浏览器地址栏中输入"http://localhost:8080/ch4/Sample4-4.jsp"。

【案例代码】Sample4-4.jsp 页面的核心代码如下所示：

```
1    <body>
2        <%
```

```
3              String name="admin";
4              String gender=" 男 ";
5              String photo="./img/1.jpg";
6        %>
7        用户名：<%=name %>
8        <br>
9        性别：<%=gender %>
10       <br>
11       照片：<img alt=" 照片 " src="<%=photo%>"/>
12    </body>
```

【程序说明】

第2-6行：在JSP页面中编写的Java程序代码段，定义三个变量，分别保存用户名、性别和头像。

第7行：使用JSP表达式输出用户名。

第9行：使用JSP表达式输出性别。

第11行：通过使用JSP表达式获取图片的路径，显示头像图片。

【程序运行界面】程序运行结果如图4-4所示。

图 4-4 使用 JSP 表达式编写程序运行结果

实战演练 4-5 JSP 中脚本元素的使用

【学习目标】掌握JSP中声明、脚本程序、表达式的使用。

【知识要点】声明、脚本程序和表达式代码的基本语法及区别。

【完成步骤】

（1）在"ch4"的Web项目中创建一个名叫"Sample4-5.jsp"的JSP页面。右击"Web Root"→"New"→"JSP"命令，在"File Name"文本框中输入"Sample4-5.jsp"，单击"Finish"按钮，完成JSP页面的创建。

（2）在 Sample4-5.jsp 页面中输入相应代码。

（3）启动 Tomcat 服务器，部署 ch4 项目，分别打开三个浏览器，在浏览器地址栏中输入"http://localhost:8080/ch4/Sample4-5.jsp"。

【**案例代码**】Sample4-5.jsp 页面的代码如下所示：

```
1   <%@ page language="java" import="java.util.*" pageEncoding="UTF-8"%>
2   <%
3   String path = request.getContextPath();
4   String basePath = request.getScheme()+"://"
5   +request.getServerName()+":"+request.getServerPort()+path+"/";
6   %>
7   <!DOCTYPE HTML PUBLIC "-//W3C//DTD HTML 4.01 Transitional//EN">
8   <html>
9     <head>
10      <base href="<%=basePath%>">
11      <title>JSP 脚本元素 </title>
12    </head>
13    <body>
14      <%!
15          int n=0;
16          int sum(int a, int b){
17              return a+b;
18          }
19      %>
20      <%
21          int m=0;
22          n++;
23          m++;
24          int result=sum(1,2);
25          out.print("成员变量 n 的值为: "+n+"<br>");
26          out.print("局部变量 m 的值为: "+m+"<br>");
27          out.print("1+2="+result+"<br>"+"<br>");
28          out.print("第 "+n+" 个客户");
29      %>
30      <P>使用 JSP 表达式求两数之和: 3+5=<%=sum(3,5)%></P>
31    </body>
32  </html>
```

【**程序说明**】

第 14～19 行：JSP 声明，第 15 行声明了一个全局变量 n。

第 20～29 行：JSP 的脚本程序，第 21 行在脚本中定义了一个局部变量 m。

第 30 行：JSP 的表达式，通过调用求和方法 sum() 求得两数之和。

【**程序运行界面**】程序运行结果如图 4-5 所示。

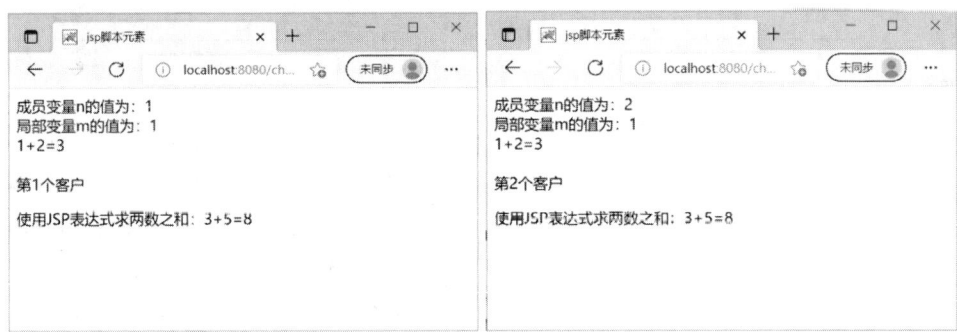

图 4-5　使用 JSP 脚本元素

4.4　知识准备——JSP 指令

指令元素用于从 JSP 发送一个信息到容器中，它用来设置全局变量，声明类，要实现的方法和输出内容的类型等，它们并不向客户产生任何输出，所有的指令都在 JSP 整个页面有效，指令元素为翻译阶段提供了全局信息。指令元素的语法格式如下：

```
<%@  directivename  {attribute="value"}*  %>
```

JSP 中指令元素有三种：page 指令、include 指令和 taglib 指令。本书详细介绍 page 和 include 两种常用指令。taglib 指令用来定义一个标签库以及其自定义标签的前缀，自定义标签的内容在本书中不作详细介绍，有兴趣的读者可以参阅其他资料进行了解。

4.4.1　page 指令

page 指令称为页面指令，用来定义 JSP 页面的全局属性，这些属性将被用于和 JSP 容器通信，描述了和页面相关的指示信息。

page 指令的语法格式如下：

```
<%@page 属性 1=" 属性值 1"  属性 2=" 属性值 2"%>
```

page 指令有 13 个属性，见表 4-1。

表 4-1　page 指令的属性

属　　性	描　　述
language="ScriptLanguage"	设置当前页面中编写 JSP 脚本使用的语言，默认值为 java
contentType="ctinfo"	设置发送到客户端文档的响应报头的 MIME 类型和字符编码
import="importList"	用来导入程序中要用到的包或类，可以有多个值，无论是 Java 核心包中自带的类还是用户自行编写的类，都要在 import 中引入，才能使用

续表

属性	描述
Info="info_text"	设置 JSP 页面的相关信息，如当前页面的作者、编写时间等。此值可设置为任意字符串，由 Servlet.getServletInfo() 方法来获取所设置的值
extends="className"	指定将一个 JSP 页面转换为 Servlet 后继承的类。在 JSP 中通常不会设置该属性，JSP 容器会提供继承的父类。并且如果设置了该属性，一些改动会影响 JSP 的编译能力
session="true|false"	表示当前页面是否支持 session，如果为 false，则在 JSP 页面中不能使用 session 对象以及 scope=session 的 JavaBean 或 EJB。属性的默认值为 true
errorPage="error_url"	用于指示一个 JSP 文件的相对路径，以便在页面出错时，转到这个 JSP 文件来进行处理。与此相应，需要将这个 JSP 文件的 isErrorPage 属性设为 true
isErrorPage="true|false"	指示一个页面是否为错误处理页面。设置为 true 时，在这个 JSP 页面中的内建对象 exception 将被定义，其值将被设定为呼叫此页面的 JSP 页面的错误对象，以处理该页面所产生的错误
buffer="none|sizekb"	内置输出流对象 out 负责将服务器的某些信息或运行结果发送到客户端显示，buffer 属性用来指定 out 缓冲区的大小。其值可以有 none、8 KB 或是给定的 KB 值，值为 none 表示没有缓存，直接输出到客户端的浏览器中；如果将该属性指定为数值，则输出缓冲区的大小不应小于该值，默认为 8 KB（因不同的服务器而不同，但大多数情况下都为 8 KB）
autoFlush="true|false"	当缓冲区满时，是否自动刷新缓冲区。默认值为 true，表示当缓冲区已满时，自动将其中的内容输出到客户端。如果设为 false，则当缓冲区满时会出现"JSPBuffer overflow"溢出异常。 注意：当 buffer 属性的值设为 none 时，autoFlush 属性的值就不能设为 false
isThreadSafe="true|false"	设置 JSP 页面是否可以多线程访问。默认值为 true，表示当前 JSP 页面被转换为 Servlet 后，会以多线程的方式来处理来自多个用户的请求；如果设为 false，则转换后的 Servlet 会实现 SingleThreadMode 接口，并且将以单线程的方式来处理用户请求
pageEncoding="peinfo"	设置 JSP 页面字符的编码，常见的编码类型有 ISO-8859-1、GB/T 2312—1980 和 GBK 等。默认值为 ISO-8859-1
isELIgnored="true|false"	其值可设置为 true 或 false，表示是否在此 JSP 网页中执行或忽略表达式语言"${}"。设为 true 时，JSP 容器将忽略表达式语言

在一个 JSP 页面中，可以使用多个 page 指令来制定属性及其值。需要注意的是：可以使用多个 page 指令指定属性 import 有多个值，但其他属性只能使用一次 page 指令指定该属性一个值。例如：

```
<%@ page language="java" import="java.util.*" pageEncoding="UTF-8"%>
<%@ page import="java.awt.*" %>
<%@ page import="java.lang.String, java.util.*" %>
```

page 指令的作用对整个页面有效，与其书写的位置无关，但习惯把 page 指令写在 JSP 页面的最前面。

实战演练 4-6　在 JSP 页面中显示日期

【学习目标】掌握 page 指令及 import 属性的应用。

【知识要点】page 指令的基本语法；import 属性。

【完成步骤】

在"ch4"的目录中创建一个 JSP 文件"date.jsp"。

【案例代码】date.jsp 页面的代码如下所示：

```jsp
1  <%@ page language="java" contentType="text/html; charset=UTF-8"
2      pageEncoding="utf-8"%>
3  <%@ page import="java.util.Date"  %>
4  <%@ page import="java.text.SimpleDateFormat"  %>
5  <!DOCTYPE html PUBLIC "-//W3C//DTD HTML 4.01 Transitional//EN"
6  "http://www.w3.org/TR/html4/loose.dtd">
7  <html>
8  <head>
9  <meta http-equiv="Content-Type" content="text/html; charset=ISO-8859-1">
10 <title>date.jsp</title>
11 </head>
12 <body>
13 <%
14     Date date = new Date();
15     SimpleDateFormat sdf = new SimpleDateFormat("yyyy-MM-dd");
16 %>
17     （当前日期)<%=sdf.format(date) %>
18 </body>
19 </html>
```

【程序说明】

第 1～4 行：应用 page 指令设置页面属性。第 3 行和第 4 行分别导入两个 Date 类和 SimpleDateFormat 类。

第 14 行：获得当前日期 date。

第 17 行：设置日期格式显示当前日期。

【程序运行界面】程序运行结果如图 4-6 所示。

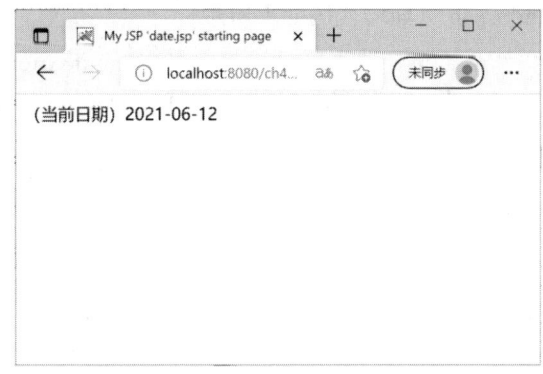

图 4-6　date.jsp 页面显示效果

实战演练 4-7　JSP 中处理页面异常

【学习目标】掌握 page 指令及 errorPage 属性的应用。

【知识要点】page 指令；errorPage 属性。

【完成步骤】

在 "ch4" 的目录中创建两个 JSP 文件 "calc.jsp" 和 "error_handle.jsp"。"calc.jsp" 页面实现两数相除求值的运算。根据 "除数不能为 0" 运算规则，若除数为 0，页面将出现异常，跳转至异常处理页面 "error_handle.jsp"。

【案例代码】calc.jsp 页面的代码如下所示：

```
1   <%@ page language="java" import="java.util.*" pageEncoding="utf-8"%>
2   <%@ page errorPage="error_handle.jsp" %>
3   <!DOCTYPE HTML PUBLIC "-//W3C//DTD HTML 4.01 Transitional//EN">
4   <html>
5     <head>
6       <title>My JSP 'error.jsp' starting page</title>
7     </head>
8     <body>
9     <%
10      int num1=10000;
11      int num2=0;
12      double result = num1/num2;
13    %>
14    <%=num1 %> ÷ <%=num2 %> = <%=num1/num2 %>
15    </body>
16  </html>
```

【程序说明】

第 2 行：应用 page 指令设置 errorPage 属性，关联 error_handle.jsp 页面。如果页面出现异常自动跳转至 error_handle.jsp 页面进行处理，异常报错并不显示在浏览器页面中。

第 11 行：设置除数为 0，在此情况下页面运行将出现异常。

【案例代码】error_handle.jsp 页面的代码如下所示：

```
1   <%@ page language="java" import="java.util.*" pageEncoding="utf-8"%>
2   <!DOCTYPE HTML PUBLIC "-//W3C//DTD HTML 4.01 Transitional//EN">
3   <html>
4     <head>
5       <title>My JSP 'error_handle.jsp' starting page</title>
6     </head>
7     <body>
8       <p>抱歉，页面出现异常！我们正在全力维护，请耐心等候.....</p>
9     </body>
10  </html>
```

【程序说明】

第 8 行：显示针对异常的处理情况说明。

【程序运行界面】如果除数为 0，那么程序运行结果如图 4-7 所示。

图 4-7　异常页面显示效果

如果将除数设置为 10，那么页面将正常显示结算结果，并不跳转至 error_handle.jsp 页面，运行结果如图 4-8 所示。

图 4-8　正常页面显示效果

4.4.2　include 指令

include 指令用于在 JSP 页面中静态包含一个文件，该文件可以是 JSP 页面、HTML 网页、文本文件或一段 Java 代码。使用 include 指令的 JSP 页面在转换时，JSP 容器会在其中插入包含文件的文本或代码，同时解析这个文件中的 JSP 语句，从而方便地实现代码的重用，提高代码的使用效率。

include 指令的语法格式如下：

```
<%@include  file= "fileURL"    %>
```

实战演练 4-8　使用 include 指令的 JSP 页面

【学习目标】掌握代码重用的方法。

【知识要点】include 指令语法。

【完成步骤】

（1）创建一个"includeDemo"项目，在"includeDemo"的目录中创建三个 JSP 文件，分别为"header.jsp""footer.jsp""index.jsp"。"header.jsp"文件保存页面的头部内容，"footer.jsp"页面保存页面的尾部内容，使用 include 指令将页面的头部和尾部包含至"index.jsp"页面中。

（2）在"includeDemo"的目录中创建一个文件夹，用来保存图片信息。右击"Web Root"→"New"→"Folder"命令，在"File Name"文本框中输入"img"，单击"Finish"按钮，完成 img 文件夹的创建。

（3）将"header.jpg"和"footer.jpg"文件保存至 img 文件夹中。

（4）编写 header.jsp 页面代码。

【案例代码】header.jsp 页面的代码如下所示：

```
1   <center>
2   <img alt="页面头部" src=".\img\header.jpg">
3   <hr>
4   </center>
```

【程序说明】

第 2 行：插入一张图片作为页面头部。

第 3 行：显示一条水平分割线。

（5）编写 footer.jsp 页面代码。

【案例代码】footer.jsp 页面的代码如下所示：

```
1   <hr>
2   <center>
3   <img alt="页面尾部" src=".\img\footer.jpg">
4   </center>
```

【程序说明】

第 3 行：插入一张图片作为页面的尾部。

（6）编写 index.jsp 页面代码。

【案例代码】index.jsp 页面的代码如下所示：

```
1   <%@ page language="java" import="java.util.*" pageEncoding="utf-8"%>
2   <html>
3     <head>
4       <title>My JSP 'index.jsp' starting page</title>
5     </head>
6   <style>
7   #middle{
```

```
8        height:400;
9    }
10 </style>
11   <body>
12      <%@ include file="header.jsp" %>
13      <div id="middle">middle</div>
14      <%@ include file="footer.jsp" %>
15   </body>
16 </html>
```

【程序说明】

第 12 行：使用 include 指令引用 "header.jsp"。

第 13 行：使用 div 格式显示中间部分。

第 14 行：使用 include 指令引用 "footer.jsp"。

【程序运行界面】程序运行结果如图 4-9 所示。

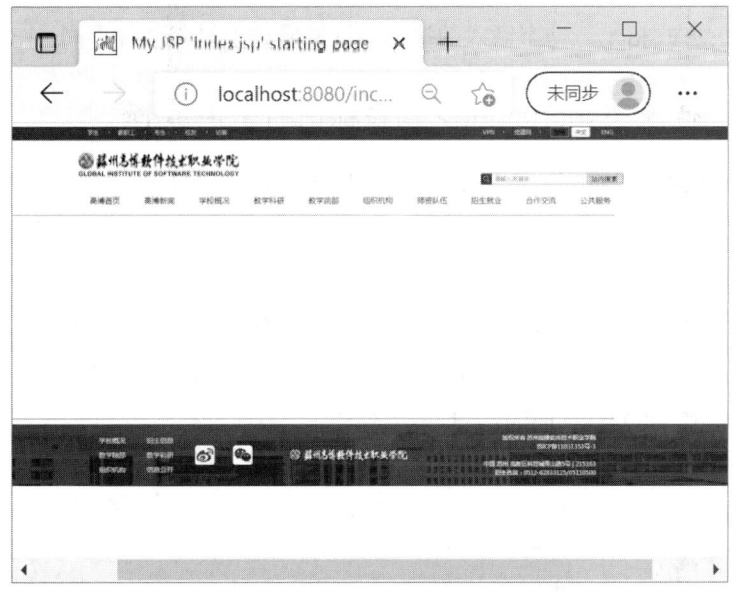

图 4-9　include 指令运行效果

4.5　知识准备——JSP 动作标记

JSP 动作标签利用 XML 语法格式的标记来控制 Servlet 引擎的行为。利用 JSP 动作可以动态地插入文件、重用 JavaBean 组件、把用户重定向到另外的页面、为 Java 插件生成 HTML 代码等。JSP 中常用的动作标记有 <jsp:include><jsp:forward><jsp:param><jsp:useBean><jsp:setProperty><jsp:getProperty>。下面对 include、forward、param 动作进行详细介绍。

4.5.1 include 动作标记

动作标记 include 的作用是将 JSP 文件、HTML 网页文件或其他文本文件动态嵌入到当前的 JSP 网页里,该指令的语法有以下两种格式:

```
<jsp:include page=" 文件URL"/>
```

或:

```
<jsp:include page=" 文件URL"/>
    子标记
</jsp:include>
```

当动作标记 include 不需要子标记时,使用第一种格式。

所谓动态嵌入,就是"先处理后包含",在运行阶段完成对文件的嵌入。即在将 JSP 页面转译成 Java 文件时,并不合并两个页面;而是在 Java 文件的字节码文件被加载并执行时,才去处理 include 动作标记中引入的文件里。

与静态嵌入的方式相比,动态嵌入的执行速度稍慢,但是灵活性更高。

实战演练 4-9 使用 <jsp:include> 动作标记的 JSP 页面

【学习目标】掌握代码重用的方法;理解 include 动作与 include 指令的区别。

【知识要点】include 动作标记的基本语法。

【完成步骤】

(1)新建项目"includeDemo2",在项目中编写一个 HTML 静态页面"news.html"。右击"Web Root"→"New"→"HTML"命令,在"File Name"文本框中输入"news.html",单击"Finish"按钮,完成 HTML 页面的创建。

【案例代码】news.html 页面的代码如下所示:

```
1   <!DOCTYPE html>
2   <html>
3     <head>
4       <title>news.html</title>
5     </head>
6     <body bgcolor="#FFFFFF">
7       <font color="blue">
8           最新公告:此消息来自于静态页面 news.html
9       </font>
10    </body>
11  </html>
```

【程序说明】

第 6 行:设置页面背景色 "#FFFFFF"。

第7行：设置字体颜色为蓝色。

第8行：设置页面显示的内容。

（2）在"includeDemo2"项目中编写一个JSP页面"date.jsp"。右击"Web Root"→"New"→"JSP"命令，在"File Name"文本框中输入"date.jsp"，单击"Finish"按钮，完成JSP页面的创建。

【案例代码】date.jsp 页面的代码如下所示：

```
1  <%@ page language="java" import="java.util.*" pageEncoding="UTF-8"%>
2  <%@ page import="java.text.SimpleDateFormat" %>
3  <%
4  Date date = new Date();
5  SimpleDateFormat sdf = new SimpleDateFormat("yyyy-MM-dd");
6  %>
7  <p>(当前日期：)<%=sdf.format(date) %></p>
```

【程序说明】

第1行：应用JSP的page指令设置页面属性。

第2行：应用page指令导入类"java.text.SimpleDateFormat"。

第3～6行：编写Java代码段获取当前系统日期。

第7行：应用JSP表达式在页面显示系统日期

（3）在"includeDemo2"项目中编写一个JSP页面"include.jsp"。在"include.jsp"页面中输入相应代码。

（4）启动Tomcat服务器，部署"includeDemo2"项目，打开浏览器，在浏览器地址栏中输入"http://localhost:8080/includeDemo2/include.jsp"。

【案例代码】include.jsp 页面的代码如下所示：

```
1   <%@ page language="java" import="java.util.*" pageEncoding="UTF-8"%>
2   <%
3   String path = request.getContextPath();
4   String basePath = request.getScheme()+"://"+request.getServerName()
5   +":"+request.getServerPort()+path+"/";
6   %>
7   <!DOCTYPE HTML PUBLIC "-//W3C//DTD HTML 4.01 Transitional//EN">
8   <html>
9     <head>
10      <base href="<%=basePath%>">
11      <title>My JSP 'include.jsp' starting page</title>
12    </head>
13    <body>
14      <!-- 静态嵌入之前 -->
15      <br>
16      <!-- <%@include file="date.jsp"%> -->
17      <jsp:include page="date.jsp" />
```

```
18          <jsp:include page="news.html" flush="true" />
19          <br>
20       <!-- 静态嵌入之后 -->
21     </body>
22  </html>
```

【程序说明】

第 1 行：应用 JSP 的 page 指令设置页面属性。

第 17 行：应用 <jsp:include> 动作指定包含文件 "includeDate.jsp"。

第 18 行：应用 <jsp:include> 动作指定包含静态页面文件 "news.html"。

【程序运行界面】程序运行结果如图 4-10 所示。

图 4-10 include 动作标记编写的页面效果

<jsp:include> 动作允许包含动态文件和静态文件，但这两种包含文件的结果是不同的。如果文件仅仅是静态文件，那么这种包含仅仅是把包含文件的内容加到 JSP 文件中去；而如果这个文件是动态的，那么这个被包含的文件也会被 JSP 编译器执行。不能从文件名上判断一个文件是动态的，还是静态的，而是取决于文件中的代码。<jsp:include> 能够同时处理这两种文件，因此不需要在包含时判断此文件是静态的，还是动态的，从而极大地方便了 JSP 程序的设计。如果这个包含文件是动态的，还可以用 <jsp:param> 来传递参数名和参数值。

include 指令与 <jsp:include> 动作的比较见表 4-2。

表 4-2 include 指令与 <jsp:include> 动作的比较

项目	include 指令	<jsp:include>
格式	<%@ include file="…"%>	<jsp:include page="…">
作用时间	页面转换期间	请求期间
包含内容	文件的实际内容	页面的输出
影响主页面	可以	不可以

续表

项目	include 指令	<jsp:include>
内容变化时是否需要手动修改包含页面	需要	不需要
编译速度	较慢（资源必须被解析）	较快
执行速度	较快	较慢（每次资源必须被解析）
灵活性	较差（页面名称固定）	更好（页面可以动态指定）

4.5.2 forward 动作标记

<jsp:forward> 动作允许将请求转发到其他 HTML 文件、JSP 文件或者是一个程序段。通常，请求被转发后会停止当前 JSP 文件的执行，从而转向执行 forward 动作标记中 page 属性值指定的 JSP 页面。该标记有以下两种格式：

```
<jsp:forward page=" 文件 URL"/>
```

或：

```
<jsp:forward page=" 文件 URL"/>
    子标记
</jsp:forward>
```

当动作标记 forward 不需要子标记时，使用第一种格式。

实战演练 4-10　使用 <jsp:forward> 动作的 JSP 页面

【学习目标】掌握页面跳转的方法。

【知识要点】<jsp:forward> 动作的基本语法、<jsp:forward> 在页面跳转中的作用。

【完成步骤】

（1）创建项目"forwardDemo"，在"forwardDemo"项目中编写一个 JSP 页面"even.jsp"，代码如图 4-11 所示。

```
<body>
我是偶数页面，获得的整数是偶数.<br>
</body>
```

图 4-11　even.jsp 页面

（2）在"forwardDemo"项目中编写一个 JSP 页面"odd.jsp"，代码如图 4-12 所示。

```
<body>
我是奇数页面，获得的整数是奇数.<br>
</body>
```

图 4-12　odd.jsp 页面

（3）在"forwardDemo"中编写一个JSP页面"forward.jsp"。右击"Web Root"→"New"→"JSP"命令，在"File Name"文本框中输入"forward.jsp"，单击"Finish"按钮，完成JSP页面的创建。在forward.jsp页面中输入相应代码。

【案例代码】forward.jsp页面的代码如下所示：

```jsp
1  <%@ page language="java" import="java.util.*" pageEncoding="UTF-8"%>
2  <%
3  String path = request.getContextPath();
4  String basePath = request.getScheme()+"://"+request.getServerName()
5  +":"+request.getServerPort()+path+"/";
6  %>
7  <html>
8    <head>
9      <base href="<%=basePath%>">
10     <title>jsp:forward 动作 Demo</title>
11   </head>
12   <body>
13     <%
14     long i =Math.round(Math.random()*10);
15     if(i%2==0){
16         System.out.println(i+":获得的整数是偶数，即将跳转到偶数页面 even.jsp
17  ");
18     %>
19       <jsp:forward page="even.jsp"/>
20     <%
21       System.out.println(" 我是偶数，已经跳转到偶数页面 even.jsp ");
22     }
23     else{
24         System.out.println(i+":获得的整数是奇数，即将跳转到偶数页面 odd.jsp
25  ");
26     %>
27       <jsp:forward page="odd.jsp"/>
28     <%
29       System.out.println(" 我是奇数，已经跳转到奇数页面 odd.jsp ");
30     }
31     %>
32   </body>
33 </html>
```

【程序说明】

第1行：应用JSP的page指令设置页面属性。

第14行：表示获取一个0～9的随机数。

第15～30行：判断整数的奇偶性，如果是偶数跳转页面至even.jsp，如果是奇数跳转页面至 odd.jsp。注意观察程序中第 16 行、第 21 行、第 24 行、第 29 行是否被执行。观察后台运行结果，发现第 21 行、第 29 行并未输出显示，说明当 <jsp:forward> 动作标记被执行，页面进行跳转后，forward 后的代码将不再被执行。

（4）启动 Tomcat 服务器，部署 ch4 项目，打开浏览器，在浏览器地址栏中输入"http://localhost:8080/forwardDemo/forward.jsp"。

【程序运行界面】程序运行结果如图 4-13 所示。

图 4-13　forward 动作页面运行效果

后台运行结果如图 4-14 所示。

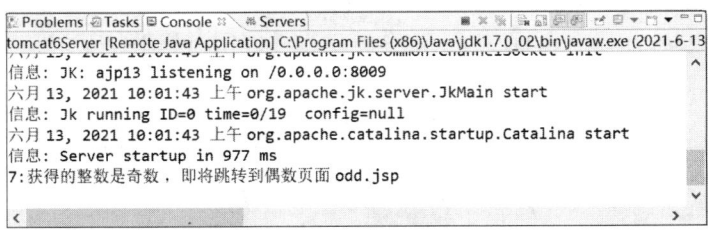

图 4-14　后台运行效果

4.5.3　param 动作标记

<jsp:param> 动作标记不能单独使用，但可以作为 include 和 forward 动作标记的子标记来使用，为它们提供参数。该标记以"name-value"对的形式为对应的页面传递参数。其语法格式如下：

```
<jsp:父标记 page="接收参数页面的URL">
    <jsp:param name="参数名" value="参数值" />
<jsp:父标记 />
```

当需要向页面传递多个参数时，其语法格式如下：

```
<jsp:父标记 page="接收参数页面的URL">
    <jsp:param name="参数名1" value="参数值1" />
```

```
            <jsp:param name=" 参数名 2" value= "参数值 2" />
            <jsp:param name=" 参数名 3" value= "参数值 3" />
<jsp:父标记 />
```

其中，name 属性为参数的名称，value 属性为参数值。

实战演练 4-11　使用 <jsp:forward> 动作和 <jsp:param> 动作的 JSP 页面

【学习目标】页面跳转中传递参数的方法。

【知识要点】<jsp:forward> 和 <jsp:param> 动作的基本语法。

【完成步骤】

（1）在"ch4"的目录中编写一个包含 forward 和 param 的 JSP 页面"Sample4-6.jsp"。该页面使用 forward 动作转向文件 Sample4-7.jsp 页面，使用 param 动作将产生的随机数的值传递到 forward 动作要转向的文件中去。

（2）在"ch4"目录中编写 JSP 页面 Sample4-7.jsp，该页面获取 param 标记中 number 的值，并在页面中输出。

（3）启动 Tomcat 服务器，部署 ch4 项目，打开浏览器，在浏览器地址栏中输入"http://localhost:8080/ch4/Sample4-6.jsp"，验证程序是否能正确运行。

【案例代码】Sample4-6.jsp 页面的代码如下所示：

```
1   <%@ page language="java" import="java.util.*" pageEncoding="UTF-8"%>
2   <html>
3     <head>
4       <title>My JSP 'Sample4-6.jsp' starting page</title>
5     </head>
6     <body>
7       <% long number =Math.round(Math.random()*10); %>
8       <jsp:forward page="Sample4-7.jsp">
9           <jsp:param name="number" value="<%=number %>"/>
10      </jsp:forward>
11    </body>
12  </html>
```

【程序说明】

第 7 行：产生一个 0 ~ 9 的随机数。

第 8 ~ 10 行：使用 forward 动作使该页面转向 Sample4-7.jsp。

第 9 行：使用 param 动作将 number 的值传递到 forward 动作要跳转的 Sample4-7.jsp 的文件中。

【案例代码】Sample4-7.jsp 页面的代码如下所示：

```
1   <%@ page language="java" import="java.util.*" pageEncoding="UTF-8"%>
```

```
2   <html>
3     <head>
4       <title>My JSP 'Sample4-7.jsp' starting page</title>
5     </head>
6     <body>
7       <%
8           // 获取Sample？.jsp页面传递过来的number参数的值
9           String str = request.getParameter("number");
10          int n = Integer.parseInt(str);
11      %>
12      <p>您传过来的数值是：<%=n %></p>
13    </body>
14  </html>
```

【程序说明】

第 8 行：获取页面跳转时传递的 param 标记中 number 参数的值（获取 number 的值由 JSP 的内置对象 request 调用 getParameter 方法完成）。

第 12 行：使用表达式在页面中输出获得参数的值。

【程序运行界面】程序运行结果如图 4-15 所示。

图 4-15 使用 forward、param 动作的 JSP 页面

课外拓展

【拓展 1】编写一个显示"九九乘法表"的 JSP 程序，并要求在程序中对语句进行适当的说明。

【拓展 2】编写一个计算 1～100 之和的 JSP 程序，要求在程序中对语句进行适当的说明。

【拓展 3】编写一个 JSP 页面，在 JSP 页面中使用 Java 程序片输出 26 个小写的英文字母表。

【拓展 4】在浏览器中输出大小为 10×5 的表格，页面效果如图 4-16 所示。

1	2	3	4	5	6	7	8	9	10
11	12	13	14	15	16	17	18	19	20
21	22	23	24	25	26	27	28	29	30
31	32	33	34	35	36	37	38	39	40
41	42	43	44	45	46	47	48	49	50

图 4-16　表格效果图

【拓展 5】使用 JSP 的 forward 动作和 param 动作，模拟实现 "admin" 用户登录功能。如果用户名为 "admin"，密码为 "123456"，则跳转至登录成功页面，否则跳转至登录失败页面。

课后练习

一、选择题

1. JSP 脚本代码用（　　）符号标记。

　　A. <……>　　　B. #……#　　　C. %……%　　　D. <%……%>

2. 下列不属于 JSP 页面构成元素的是（　　）。

　　A. Java 代码段　　B. Java 表达式　　C. HTML 标签　　D. VBScript 脚本

3. 下列不能在 JSP 文件中当做注释符使用的是（　　）。

　　A. //　　　B. <!--………-->　　C. <%//……%>　　D. <%--………--%>

4. （　　）指令用来设置整个 JSP 页面相关的属性及功能。

　　A. page 指令　　B. include 指令　　C. taglib 指令　　D. 以上都是

5. JSP 指令能够通过（　　）来包含其他 JSP 文件、HTML 文件或文本文件。

　　A. page 指令　　B. include 指令　　C. taglib 指令　　D. 以上都是

6. （　　）动作将客户端发来的请求重定向到另一个 JSP、Servlet 或 HTML 文件中。

　　A. <jsp:useBean>　　　　　　　B. <jsp:include>

　　C. <jsp:forward>　　　　　　　D. <jsp:plugin>

二、简答题

1. JSP 页面中由哪几种主要元素组成？

2. 如果有三个用户访问一个 JSP 页面，则该页面中的 Java 程序片将被执行几次？

3. "<%!" 和 "%>" 之间声明变量与 "<%" 和 "%>" 之间声明的变量有何不同？

4. 动作标记 include 和指令标记 include 的区别是什么？

5. 一个 JSP 页面中是否允许使用 page 指令为 contentType 属性设置多个值？是否允许使用 page 指令为 import 属性设置多个值？

任务 5

JSP 内置对象

学习目标

1. 了解 JSP 的常用内置对象。
2. 掌握 request 对象的使用。
3. 掌握 response 对象的使用。
4. 掌握 session 对象的使用。
5. 掌握 application 对象的使用。

5.1 知识准备——out 对象

out 对象用于在 Web 浏览器内输出信息,并且管理应用服务器上的输出缓冲区。在使用 out 对象输出数据时,可以对数据缓冲区进行操作,及时清除缓冲区中的残余数据,为其他的输出让出缓冲空间。待数据输出完毕后,要及时关闭输出流。

内置对象 out 的常用方法见表 5-1。

表 5-1 内置对象 out 的常用方法

方 法	说 明
void print()	输出到客户端浏览器
void println()	输出到客户端浏览器并换行
void flush()	将缓冲区内容输出到客户端
void clearBuffer()	清除缓冲区的内容,如果 flush 之后调用不会抛出异常
int getBufferSize()	返回缓冲区以字节数的大小,如不设缓冲则为 0
int getRemaining()	返回缓冲区还剩多少可用
boolean isAutoFlush()	返回缓冲区满时,是自动清空还是抛出异常
void clear()	清除缓冲区的内容,如果在 flush 之后调用会抛出异常
void clearBuffer()	清除缓冲区的内容,如果 flush 之后调用不会抛出异常
void close()	关闭输出流

实战演练 5-1　out 对象使用

【学习目标】掌握内置对象 out 的常用方法。

【知识要点】print() 方法、println() 方法。

【完成步骤】

（1）创建一个名叫"ch5"的 Web 项目。依次单击"File"→"New"→"Web Project"菜单项，在"Project Name"文本框中输入项目名称"ch5"，单击"Finish"按钮，完成创建。

（2）创建一个名叫"Sample5-1.jsp"的 JSP 页面。右击"Web Root"->"New"->"JSP"命令，在"File Name"文本框中输入"Sample5-1.jsp"，单击"Finish"按钮，完成 JSP 页面的创建。

（3）启动 Tomcat 服务器，部署 ch5 项目，在浏览器地址栏中输入"http://localhost:8080/ch5/Sample5-1.jsp"。

【案例代码】Sample5-1.jsp 页面的代码如下所示：

```
1   <%
2       out.print("使用 print() 方法向客户端浏览器输出文字: ");
3       out.print("您好，JSP 程序设计教程");
4   %>
5   <pre>
6   <%
7       out.println("<b>使用 println() 方法向客户端浏览器输出文字: </b>");
8       out.println("您好！ ");
9       out.println("JSP 程序设计教程");
10  %>
11  </pre>
```

【程序说明】

第 2 ～ 3 行：print 方法向客户端输出内容。

第 5 ～ 11 行：println 方法向客户端输出内容。

说明：使用 println() 方法输出内容要有换行的效果，需要同时使用 HTML 的 <pre> 标记括起来，否则无法显示换行效果。

【程序运行界面】程序运行结果如图 5-1 所示。

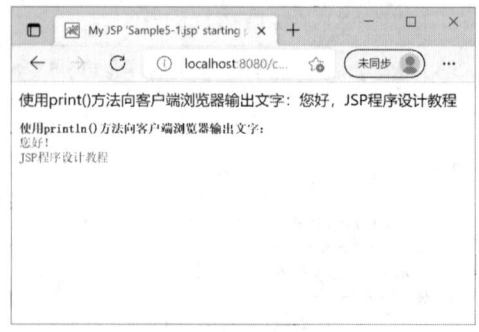

图 5-1　使用 out 对象

5.2 知识准备——request 对象

request 对象封装了由客户端生成的 HTTP 请求的所有细节，主要包括 HTTP 头信息、系统信息、请求方式和请求参数等。通过 request 对象提供的相应方法可以处理客户端浏览器提交的 HTTP 请求中的各项参数。request 对象的作用域为一次请求。

内置对象 request 的常用方法见表 5-2。

表 5-2 内置对象 request 的常用方法

方法	说明
String getParameter(String name)	返回 name 指定参数的参数值
String[] getParameterValues(String name)	返回包含参数 name 的所有值的数组
void setAttribute(String,Object)	存储此请求中的属性
Object getAttribute(String name)	返回指定属性的属性值
String getContentType()	得到请求体的 MIME 类型
String getProtocol()	返回请求用的协议类型及版本号
String getServerName()	返回接受请求的服务器主机名
int getServerPort()	返回服务器接受此请求所用的端口号
String getCharacterEncoding()	返回字符编码方式
int getContentLength()	返回请求体的长度（以字节数）
String getRemoteAddr()	返回发送此请求的客户端 IP 地址
String getRealPath(String path)	返回一虚拟路径的真实路径
String request.getContextPath()	返回上下文路径

实战演练 5-2 request 对象获取简单表单信息

利用表单传递参数。提交页面有两个文本框，在文本框中输入姓名和电话号码，单击"提交"按钮后，由服务器端应用程序接收提交的表单信息并显示出来。

【学习目标】掌握表单传参的基本方法。

【知识要点】Parameter 属性。

【完成步骤】

（1）创建一个名为"ch5"的 Web 项目。依次单击"File"→"New"→"Web Project"菜单项，在"Project Name"文本框中输入项目名称"ch5"，单击"Finish"按钮，完成创建。

（2）依次创建两个 JSP 页面，名为"Sample5-2-input.jsp"、"Sample5-2-receive.jsp"。依次右击"Web Root"→"New"→"JSP"命令，在"File Name"文本框中输入"Sample5-2-input.jsp"、"Sample5-2-receive.jsp"，单击"Finish"按钮，完成 JSP 页面的创建。

（3）启动 Tomcat 服务器，部署 ch5 项目，在浏览器地址栏中输入 "http://localhost:8080/ch5/Sample5-2-input.jsp"。

【案例代码】Sample5-2-input.jsp 页面的代码如下所示：

```
1   <body>
2     <form action="Sample5-2-receive.jsp" method="post">
3     学生姓名：<input type="text" name="stuName"/><br>
4     学生号码：<input type="text" name="stuPhone"/><br>
5     <input type="submit" value=" 提交 "/>
6     </form>
7   </body>
```

【程序说明】

第 2 行：action 属性规定提交表单时向 Sample5-2-receive.jsp 页面发送表单数据。

第 3～4 行：表示学生姓名、学生号码等数据提交后，以参数 stuName、stuPhone 形式自动保存在 request 对象中。

【案例代码】Sample5-2-receive.jsp 页面的代码如下所示：

```
1   <body>
2   <%
3     String str1=request.getParameter("stuName");
4     String str2=request.getParameter("stuPhone");
5   %>
6   <font face=" 楷体 " size=4 color=blue>
7   您输入的信息为：<br>
8   学生姓名：<%=str1 %><br>
9   学生电话：<%=str2 %><br>
10  </font>
11  </body>
```

【程序说明】

第 3～4 行：通过两个自定义变量 str1、str2 分别获取保存在 request 内置对象中保存的 stuName、stuPhone 值。

> **注意**：getParameter() 方法中，参数 name 与客户端提供参数的 name 属性名称对应，该方法的返回值为 String 类型。若参数 name 属性不存在，则返回一个 null 值。

第 6～10 行：表示学生信息在网页显示的样式布局。

第 8～9 行：通过 JSP 表达式显示学生信息。str1 变量显示学生姓名，str2 变量显示电话号码。

【程序运行界面】程序运行结果如图 5-2 所示。

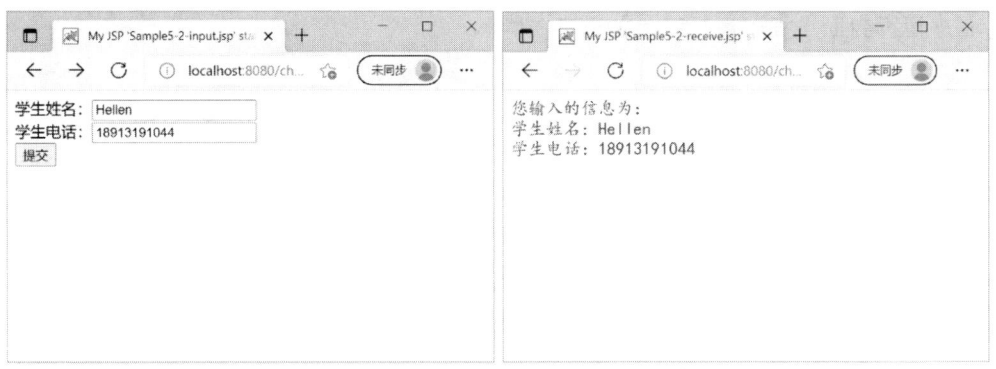

图 5-2　使用 request 对象获取表单信息

实战演练 5-3　request 对象处理汉字乱码问题

当用 request 对象获取用户提交的汉字字符时，会出现乱码问题，所以对含有汉字字符的信息必须进行特殊处理。首先，将获取的字符串用 ISO-8859-1 进行编码，并将编码存放到一个字节数组中，然后再将这个数组转化为字符串对象即可。

【学习目标】掌握处理页面中文乱码问题。

【知识要点】request 对象的 Parameter 属性。

【完成步骤】

打开 Sample5-2-receive.jsp 页面，在该页面中第 8 行和第 9 行接收 request 对象获取参数信息之后，用"ISO-8859-1"进行编码，并将编码后的内容转化为字符串输出。案例代码如下所示：

```
1   <body>
2   <%
3     String str1=request.getParameter("stuName");
4     byte b[] = str1.getBytes("ISO-8859-1");
5     str1 = new String(b);
6     String str2=request.getParameter("stuPhone");
7   %>
8   <font face=" 楷体 " size=4 color=blue>
9   您输入的信息为：<br>
10  学生姓名：<%=str1 %><br>
11  学生电话：<%=str2 %><br>
12  </font>
13  </body>
```

> 注意：除上述方法之外，还可以使用"request.setCharacterEncoding("UTF-8")"方法处理中文乱码。

【程序运行界面】程序运行结果如图 5-3 所示。

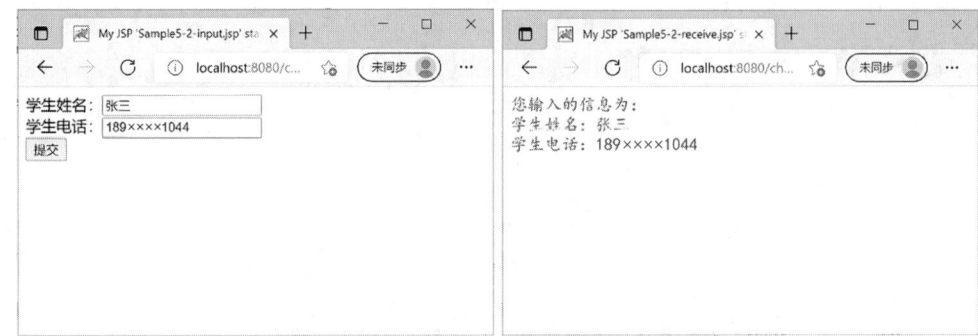

图 5-3　处理中文乱码问题

5.3　知识准备——response 对象

response 对象和 request 对象相对应，用于响应客户请求，向客户端输出信息。当服务器向客户端传送数据时，Web 服务器会自动创建 response 对象并将信息封装到 response 对象中。Web 服务器处理完请求后，response 对象会被销毁。response 对象也具有作用域，它只在 JSP 页面内有效。

内置对象 response 的常用方法见表 5-3。

表 5-3　内置对象 response 的常用方法

方　　法	说　　明
void SendRedirect(String url)	使用指定的重定向位置 URL 向客户端发送重定向响应
void setDateHeader(String name,long date)	设置日期类型的 HTTP 首部信息
void setHeader(String name,String value)	使用给定的名称和值设置一个响应报头
void setContentType(String type)	为响应设置内容类型
void setContentLength(int length)	设置响应数据的大小为 size
void setLocale(Locale locale)	设置本地化为 locale
int getCharacterEncoding()	取得字符编码类型

实战演练 5-4　response 对象实现重定向到另一个页面

用户在登录界面（Sample5-3-login.jsp）输入用户名和密码，提交后验证（Sample5-3-userReceive.jsp）登录者输入的用户名和密码是否正确。假使输入的用户名是"admin"，密码是"admin"时转发到 Sample5-3-loginCorrect.jsp 页面，并显示"用户名：admin 成功录入！"信息，当输入信息不正确时，重定位到百度网站。

【学习目标】理解并掌握网页重定向的方法。

【知识要点】response 对象的 SendRedirect 方法。

【完成步骤】

（1）在"ch5"项目中依次创建三个 JSP 页面，名为"Sample5-3-login.jsp"、"Sample5-3-userReceive.jsp"、"Sample5-3-loginCorrect.jsp"。依次右击"Web Root"→"New"→"JSP"命令，在"File Name"文本框中输入"Sample5-3-login.jsp"、"Sample5-3-userReceive.jsp"、"Sample5-3-loginCorrect.jsp"，单击"Finish"按钮，完成 JSP 页面的创建。

（2）启动 Tomcat 服务器，部署 ch5 项目，在浏览器地址栏中输入"http://localhost:8080/ch5/ Sample5-3-login.jsp"。

【案例代码】Sample5-3-login.jsp 页面的代码如下所示：

```
1   <body>
2     <form action="Sample5-3-userReceive.jsp" method="post">
3     姓名：<input type="text" name="Name"/><br>
4     密码：<input type="text" name="Password"/><br>
5     <input type="submit" value=" 确定 "/>
6     </form>
7   </body>
```

【程序说明】

第 2 行：action 属性规定提交表单时向 Sample5-3-userReceive.jsp 页面发送表单数据。

第 3～4 行：表示姓名、密码等数据提交后，以参数 Name、Password 形式自动保存在 request 对象中。

【案例代码】Sample5-3-userReceive.jsp 页面的代码如下所示：

```
1   <body>
2     <%
3     String xm=request.getParameter("Name");
4     String mm=request.getParameter("Password");
5     if(xm.equals("admin")&&mm.equals("admin"))
6     {
7     response.sendRedirect("Sample5-3-loginCorrect.jsp");
8     }
9     else
10    {
11    response.sendRedirect("https://baidu.com");
12    }
13    %>
14  </body>
```

【程序说明】

第 3～4 行：表示姓名、密码等数据提交后，以参数 Name、Password 形式自动保存在 request 对象中。

第 5～12 行：判断用户名、密码是否正确，一旦用户信息通过验证，通过 request 对象 sendRedirect 方法跳转到 Sample5-3-loginCorrect.jsp 页面。

【案例代码】Sample5-3-loginCorrect.jsp 页面的代码如下所示：

```
1    <body>
2        登录成功！
3    </body>
```

【程序运行界面】程序运行结果如图 5-4 所示。

图 5-4 使用 response 对象

5.4 知识准备——session 对象

会话（session）的含义：用户在浏览某个网站，从进入网站到浏览器关闭所经过的这段时间称为一次会话。每个用户在刚进入网站时，服务器会生成一个独一无二的 sessionID 来区别每个用户的身份。服务器通过不同的 ID 号识别不同的客户。一个客户对同一网站不同网页的访问属于同一会话。当客户关闭浏览器后，一个会话结束，服务器将该客户的 session 对象自动销毁。当客户重新打开浏览器建立到该网站的连接时，JSP 引擎为该客户再创建一个新的 session 对象，属于一次新的会话。

内置对象 session 的常用方法见表 5-4。

表 5-4 内置对象 session 的常用方法

方　　法	说　　明
Object getAttribute(String attriname)	用于获取与指定名字相联系的属性
void setAttribute(String name,object value)	用于设定指定名字的属性值，并保存在 session 对象中
void removeAttribute(String attriname)	用于删除指定的属性
boolean isNew()	用于判断目前 session 是否为新的 session
void invalidate()	用于销毁 session 对象

续表

方　法	说　明
String getId()	用于返回 session 对象在服务器端的编号
Enumeration getAttributeNames()	用于返回 session 对象中存储的每一个属性对象，结果集是一个 Enumeration 类的实例
long getCreationTime()	用于返回 session 对象的被创建时间，单位为毫秒
long getMaxInactiveInterval()	返回 session 对象的生存时间，单位为毫秒
long getLastAccessedTime()	最后发送请求的时间，单位为毫秒

实战演练 5-5　利用 session 对象获取会话信息并显示

【学习目标】理解内置对象 session 的基本含义。

【知识要点】session 对象 getCreationTime()、getId()、getLastAccessedTime()、getMaxInactiveInterval()、session.isNew() 方法。

【完成步骤】

（1）创建一个名叫"ch5"的 Web 项目。依次单击"File"→"New"→"Web Project"菜单项，在"Project Name"文本框中输入项目名称"ch5"，单击"Finish"按钮，完成创建。

（2）创建一个 JSP 页面，名为"Sample5-4-session.jsp"。首先右击"Web Root"→"New"→"JSP"命令，在"File Name"文本框中输入"Sample5-4-session.jsp"，单击"Finish"按钮，完成 JSP 页面的创建。

（3）启动 Tomcat 服务器，部署 ch5 项目，在浏览器地址栏中输入"http://localhost:8080/ch5/ Sample5-4-session.jsp"。

【案例代码】Sample5-4-session.jsp 页面的代码如下所示：

```jsp
<%@page import="java.sql.Time"%>
<%@ page language="java" import="java.util.*" pageEncoding="UTF-8"%>
<html>
  <head>
    <title>利用session对象获取会话信息并显示</title>
  </head>
  <body>
    <hr>
    session的创建时间是: <%=new Date(session.getCreationTime()) %><br>
    sessionID号:<%=session.getId() %><br>
    客户最近一次访问时间是: <%=new Time(session.getLastAccessedTime()) %><br>
    两次请求间隔多长时间session被取消(ms):<%=session.getMaxInactiveInterval() %><br>
    是否是新创建的session: <%=session.isNew()?"是":"否" %>
```

```
16        <hr>
17    </body>
  </html>
```

【程序说明】

第 9 行：session 对象的 getCreationTime() 获取 session 的创建时间。

第 10 行：session 对象的 getId() 获取 session 的 ID 号。

第 11 行：session 对象的 getLastAccessedTime() 获取最近一次访问 session 的时间。

第 13 行：session 对象的 getMaxInactiveInterval() 获取两次请求间隔时间。

第 15 行：session 对象的 .isNew() 方法判断是否新创建的 session 对象。

【程序运行界面】程序运行结果如图 5-5 所示。

图 5-5　使用 session 对象

实战演练 5-6　应用 request 对象和 session 对象获取复杂表单信息

利用表单传递参数，表单中包含文本框、单选按钮、复选框、列表框等表单元素信息。

【学习目标】掌握 request 对象和 session 对象获取复杂表单信息的方法。

【知识要点】使用 request 对象的 getParameter() 方法获取文本框、单选按钮、复选框、列表框等表单元素信息。

【完成步骤】

（1）打开 ch5 项目，在项目中新建三个 JSP 页面，分别为"exam.jsp"、"showresult.jsp"和"score.jsp"。"exam.jsp"为学生答题页面，"showresult.jsp"为答题结果页面，"score.jsp"为学生得分页面。

【案例代码】exam.jsp 页面的代码如下所示：

```
1  <%@ page language="java" import="java.util.*" pageEncoding="utf-8"%>
2  <html>
3    <head>
4      <title>My JSP 'exam.jsp' starting page</title>
5    </head>
```

```
6
7   <body>
8       <form method="post" action="showresult.jsp">
9       <h5>考号 <input type="text" name="id"></h5>
10      班级：
11      <select name="class">
12          <option value="soft1801">软件1801</option>
13          <option value="soft1802">软件1802</option>
14          <option value="soft1803">软件1803</option>
15      </select>
16      <h3>一、单项选择题（每题2分）</h3>
17      <h4>1、下列哪个方法是获取session中关键词key的对象（）。</h4>
18      <h5><input type="radio" name="x" value="A">A.public void setAttribute
19  (String key,Object obj)</h5>
20      <h5><input type="radio" name="x" value="B">B.public void removeAttribute
21  (String key)</h5>
22      <h5><input type="radio" name="x" value="C">C.public Enumeration getAt
23  tributeNames()</h5>
24      <h5><input type="radio" name="x" value="D">D.public Object getAttribut
25  e(String key)</h5>
26      <h4>二、判断题（每题2分）</h4>
27      <h5>1、同一客户在多个Web服务录中，所对应的session对象是互不相同的。
28  </h5>
29      <h5><input type="radio" name="r" value="true">true
30          <input type="radio" name="r" value="false">false</h5>
31      <input type="submit" name="submit" value=" 提交答案 "><input type="reset"
32  name="reset" value=" 重置 ">
33      </form>
34      </body>
35  </html>
```

【程序说明】

第8～33行：一个复杂表单。

第9行：创建一个名称为id的文本框，用来输入学生的学号。

第11～15行：创建名称为class的列表框，供学生选择所在班级。

第16～30行：创建试题及试题答案。

第31行：创建名称为submit的按钮，用来提交考试结果。

【案例代码】 showresult.jsp页面的代码如下所示：

```
1   <%@ page language="java" import="java.util.*" pageEncoding="utf-8"%>
2   <html>
3     <head>
4       <title>My JSP 'showresult.jsp' starting page</title>
```

```
5      </head>
6      <body>
7    <%
8      int score = 0;
9      String a=request.getParameter("id");
10     String b=request.getParameter("x");
11     String c=request.getParameter("r");
12     // 判断题目答案是否正确
13     if(b.equals("D")){
14     // 选择题回答正确，+1 分
15     score = score+1;
16     }
17     if(c.equals("false")){
18     // 判断题回答正确
19     score = score+1;
20     }
21     // 将考号和成绩传递到下一页面
22     session.setAttribute("kaohao",a);//kaohao = a;
23     session.setAttribute("chengji",score);//chengji = score
24   %>
25       <form method="post" action="score.jsp">
26       <p>您的考号是：<%=a%><br>
27       <p>一、单项选择题（每题 2 分）<br>
28       <p>1、<%=b %><br>
29       <p>二、判断题（每题 2 分）<br>
30       <p>1、<%=c %><br>
31       <input type="submit" value="确认完毕"><a href="exam.jsp">重新答题</a>
32       </form>
33     </body>
34   </html>
```

【程序说明】

第 9 ~ 11 行：通过 request 的 getParameter() 方法获取 exam.jsp 页面发送的表单元素的信息。

第 12 ~ 20 行：通过判断计算学生的得分情况。

第 22 ~ 23 行：通过 session 的 setAttribute() 方法存储学生的考号和考试成绩。

第 25 ~ 32 行：定义一个表单，用来显示学生答题结果，供学生再次确认答案并提交。

【案例代码】score.jsp 页面的代码如下所示：

```
1  <%@ page language="java" import="java.util.*" pageEncoding="utf-8"%>
2  <html>
3    <head>
4      <title>My JSP 'score.jsp' starting page</title>
5    </head>
```

```
6
7     <body>
8       <p>您的成绩公布如下: </p>
9       <table border=1>
10        <tr>
11          <td>考号</td>
12          <td>成绩</td>
13        </tr>
14        <tr>
15          <td><%=session.getAttribute("kaohao") %></td>
16          <td><%=session.getAttribute("chengji") %></td>
17        </tr>
18      </table>
19    </body>
20  </html>
```

【程序说明】

第15～16行：通过session对象的getAttribute()方法获取showresult.jsp页面中session对象保存的考试号和考试成绩。

（2）启动Tomcat服务器，部署ch5项目，在浏览器地址栏中输入"http://localhost:8080/ch5/exam.jsp"，在浏览器中显示如图5-6所示。

图5-6 exam.jsp页面运行效果

（3）在exam.jsp页面中输入相关内容，提交答案即可看到答题结果，如图5-7所示，再次确认提交后即可查看到考试成绩，如图5-8所示。

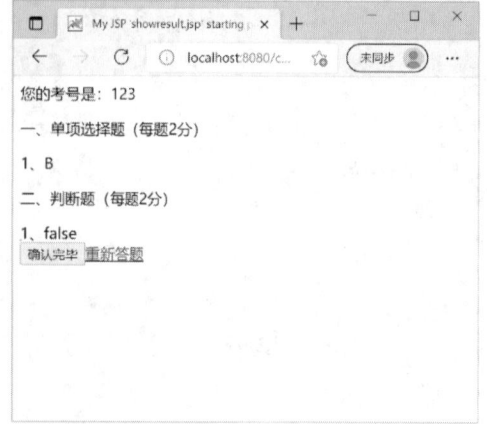

图 5-7 showresult.jsp 页面运行结果

图 5-8 score.jsp 页面运行结果

5.5 知识准备——application 对象

application 对象用于保存应用程序中的公有数据，在服务器启动时对每个 Web 程序都自动创建一个 application 对象，只要不关闭服务器，application 对象将一直存在，所有访问同一工程的用户可以共享 application 对象。

内置对象 application 的常用方法见表 5-5。

表 5-5 内置对象 application 的常用方法

方　　法	说　　明
Object getAttribute(String attriname)	用于获取与指定名字相联系的属性
void setAttribute(String name,object value)	设置一个新属性并保存值
void removeAttribute(String attriname)	用于删除指定的属性
Enumeration getAttributeNames()	用于返回 application 对象中存储的每一个属性对象，结果集是一个 Enumeration 类的实例

实战演练 5-7　利用 application 对象的属性存储统计网站访问人数

【学习目标】理解 application 的基本含义。

【知识要点】getAttribute() 方法。

【完成步骤】

（1）创建一个名叫为"ch5"的 Web 项目。依次单击"File"→"New"→"Web Project"菜单项，在"Project Name"文本框中输入项目名称"ch5"，单击"Finish"按钮，完成创建。

（2）创建一个名为"Sample5-5-application.jsp"的 JSP 页面。右击"Web Root"→"New"→"JSP"命令，在"File Name"文本框中输入"Sample5-5-application.jsp"，单击"Finish"按钮，

完成 JSP 页面的创建。

（3）启动 Tomcat 服务器，部署 ch5 项目，在浏览器地址栏中输入 "http://localhost:8080/ch5/ Sample5-5-application.jsp"。

【案例代码】Sample5-5-application.jsp 页面的代码如下所示：

```
1   <body>
2       <%!Integer yourNumber=new Integer(); %>
3       <%
4           if(session.isNew())// 如果是一个新的会话
5           {
6               Integer number=(Integer)application.getAttribute("Count");
7               if(number==null)// 如果是第一个访问本站
8               {
9                   number=1;
10              }
11              else
12              {
13                  number=new Integer(number.intValue()+1);
14              }
15              application.setAttribute("Count", number);
16              yourNumber=(Integer)application.getAttribute("Count");
17          }
18      %>
19      欢迎访问本站,您是第 <%=yourNumber %>个访问用户。
20  </body>
```

【程序说明】

第 2 行：声明全局变量 yourNumber 保存统计人数值。

第 4 行：判断当前会话是否是一个新的会话。

> **注意**：统计网站访问人数，需要判断是否是一个新的会话，从而判断是否是一个新访问网站的用户，然后才能统计人数。

第 6 行：表示获取访问人数数量保存在 application 对象 Count 属性值，并赋值于 number 变量。

第 7~10 行：表示第一个访问该网站的人，为变量 number 赋值数字 1。

第 11~14 行：若不是第一个访问该网站的人员，统计当前网站访问人数加 1 并为 number 变量赋值。

第 15~16 行：获取 application 对象 Count 属性中值并赋值给 yourNumber 变量输出当前访问网站的人数。

【程序运行界面】程序运行结果如图 5-9 所示。

图 5-9　使用 application 对象

5.6　application、request、session 之间的区别

（1）session 对象与用户会话相关，不同用户的 session 是完全不同的对象，在 session 中设置的属性只是在当前客户的会话范围内有效，客户超过保存时间不发送请求时，session 对象将被回收。

（2）所有访问同一网站的用户都有一个相同的 application 对象，只有关闭服务器后，application 对象中设置的属性才会被回收。

（3）当客户端提交请求时，才创建 request 对象，当返回响应处理后，request 对象自动销毁。

课外拓展

【拓展 1】打开浏览器，在地址栏中输入 http://www.163.com，输入用户名和密码后进入自己的免费邮箱，提交后查看地址栏信息，体会 POST 提交方式和 GET 提交方式的区别。

【拓展 2】分别应用 session、application 和 Cookie 对象设计网站计数器。

【拓展 3】编写一个利用 Cookie 保存用户登录时用户名和密码的程序，可以让用户在指定的时间内实现从 Cookie 中读取信息并自动登录。

课后练习

一、选择题

1. 下面（　　）操作不能关闭 session 对象。

　　A．用户刷新当前页面调用

　　B．用户关闭浏览器

　　C．session 达到设置的最长"发呆"状态实践

D. session 对象的 invalidate() 方法

2. （　　）对象代表请求对象，它被封装成 HttpServletRequest 接口。

　　A. request　　　　B. response　　　　C. out　　　　D. session

3. （　　）对象主要用户处理 JSP 程序中的异常。

　　A. response　　　B. exception　　　C. out　　　　D. session

4. out 对象的（　　）方法能够关闭输出流。

　　A. clear()　　　　B. clearBuffer　　　C. close()　　　D. flush()

5. session 对象的（　　）方法能够获取与指定名字相联系的属性。

　　A. getAttribute(String name)　　　　B. removeAttribute(String name)

　　C. setAttribute(String name)　　　　D. getAttributeNames()

6. 有如下程序片段：

```
<form>
<input type="text" name="id">
<input type="submit" value="提交">
</form>
```

下面（　　）语句可以获取用户输入的信息。

　　A. request.getParameter("id");　　　B. request.getAttribute("submit");

　　C. sesson.getParameter(key,"id");　　D. session.getAttribute(key,"id");

7. 下面（　　）内置对象是对客户的请求作出响应，向客户端发送数据。

　　A. request　　　　B. session　　　　C. response　　　D. application

8. 可以使用（　　）方法实现客户的重定向。

　　A. response.setStatus();　　　　　　B. response.setHeader();

　　C. response.setContentType();　　　　D. response.sendRedirect();

二、简答题

1. 什么对象是内置对象？常见的内置对象有哪些？

2. 请简述内置对象 request、response 和 application 之间的区别。

3. 一个用户在不同 Web 服务目录中的 session 对象相同吗？一个用户在同一 Web 服务目录的不同子目录中的 session 对象相同吗？

4. session 对象的生存期限依赖于哪些因素？

5. 简述 forward 动作标记与 response.sendRedirect() 两种跳转的区别。

任务 6

JSP 数据库访问技术

学习目标

1. 理解 JDBC 的概念。
2. 学会使用 JDBC 驱动程序连接数据库。
3. 学会使用 JDBC 驱动程序对数据库进行检索与更新操作。

6.1 知识准备——专用 JDBC 驱动程序连接数据库

使用 JDBC 访问数据库,首先需要加载数据库的驱动程序,然后利用连接符号串实现连接,创建连接对象,再创建执行 SQL 的执行语句并实现数据库的操作,即使用 JDBC 访问数据库,其访问流程如下:

(1)注册驱动。
(2)建立连接(connection)。
(3)创建数据库操作对象用于执行 SQL 语句。
(4)执行语句。
(5)处理执行结果(resultSet)。
(6)释放资源。

目前应用系统开发中会使用到不同的数据库系统。不同的数据库系统都有各自独立开发的驱动程序。使用时首先要加载相应的数据库驱动程序,本章按照数据库访问流程,给出利用 JDBC 实现数据库访问的操作,假设 SQL Server 数据库的用户是 sa,密码是 123456,以 student 数据库为例。

6.1.1 注册驱动 SQL Server 的驱动程序

首先需要下载 SQL Server 数据库的驱动程序,然后在应用程序中加载该驱动程序。
(1)将驱动程序文件添加到应用项目:
驱动程序双击解压后,将 sqljdbc.jar 复制到 Web 应用程序的 WEB-INF\lib 目录下,Web

应用程序就可以通过 JDBC 接口访问 SQL Server 数据库。

（2）加载注册指定的数据库驱动程序，基本语法格式如下：

```
Class.forName("com.microsoft.sqlserver.jdbc.SQLServerDriver");
```

6.1.2　JDBC 连接数据库创建连接对象

加载注册 SQL Server 数据库驱动程序后，需要创建数据库连接对象。创建数据库连接对象，首先需要形成"连接符号字 URL"，然后利用"连接符号字"实现连接并创建连接对象。

（1）数据库连接 URL。

要建立与数据库的连接，首先要创建指定数据库的 URL。一个数据库连接字一般包括：数据库服务器的 IP 地址以及访问数据库的端口号、数据库名称、访问数据库的用户名称及其访问密码，有时需要指定对数据库访问所采用的编码方式。

对于 SQL Server 数据库的连接符号字，可采用以下方式创建：

```
Class.forName("com.microsoft.sqlserver.jdbc.SQLServerDriver");
```

（2）利用连接符号实现连接，获取连接对象。

DriveManager 类提供了 getConnection 方法，用来建立与数据库的连接。调用 getConnection 方法可返回一个数据库连接对象。GetConnection 方法有三种不同的重载形式。

第一种通过 URL 指定的数据库建立连接，其基本语法格式：

```
Static Connection getConnection(String url);
```

第二种通过 URL 指定的数据库建立连接，info 提供了一些属性，这些属性包括 user 和 password 等属性，其基本语法格式：

```
Static Connection getConnection(String url,Properties info);
```

第三种传入参数的用户名为 user，密码为 password，通过 URL 指定的数据库建立连接，其基本语法格式：

```
Static Connection getConnection(String url,String user,String password) ;
```

（3）利用 JDBC 连接 SQL Server 数据库，获取连接对象的通用格式。

利用 JDBC 连接 SQL Server 数据库，其实现步骤是固定的，在这里给出通用实现格式，假设使用 SQL Server 数据库为 student，数据库操作的用户名为 sa，密码为 123456，其基本语法格式如下：

```
//1.加载驱动类（纯java驱动）
Class.forName("com.microsoft.sqlserver.jdbc.SQLServerDriver");
//2.创建数据库连接的字符串
String strConn="jdbc:sqlserver://localhost:1433;DatabaseName=student";
```

```
//3.实现数据库连接
Connection conn=DriverManager.getConnection(strConn,"sa","123456");
```

6.2 知识准备——访问数据库

6.2.1 创建数据库操作对象

在 Java Web 应用程序中,需要由数据库连接对象创建数据库的操作对象,然后执行 SQL 语句。

数据库的操作对象是指能执行 SQL 语句的对象,需要在 Connection 类中创建数据库的操作对象的方法来实现创建。可创建两种不同的数据库操作对象:Statement 对象和 PrepareStatement 对象。两种对象的创建方法和执行 SQL 是不同的。

(1)创建 Statement 对象。

利用 Connection 类的方法 createStatement() 可以创建一个 Statement 类实例,用来执行 SQL 操作。假设通过数据库连接,已得到连接对象 conn,那么创建 Statement 的一个实例 stmt 的代码如下:

```
//conn 为连接数据库对象
Statement stmt=conn.createStatement();
```

> **注意**:createStatement() 方法是无参方法。

(2)创建 PreparedStatement 对象。

利用 Connection 类的方法 preparedStatement(String sql),可以创建一个 PreparedStatement 类的实例。

① PreparedStatement 对象使用 PreparedStatement() 方法创建,并且在创建时直接指定 SQL 语句。假设已有连接对象 conn,那么创建 PreparedStatement 的实例 pstmt 的代码如下:

```
//SQL 语句
String sql="select * from stu_info";
//conn 为连接数据库对象
PreparedStatement pstmt=conn.preparedStatement(sql);
```

② 使用带参数的 SQL 语句("?"是占位符,表示参数值),创建 PreparedStatement 对象。假设已有连接对象 conn,那么创建一个年龄和性别的操作对象:

```
//SQL 语句
String sql="select * from stuInfo where age>?and sex=?";
//conn 为连接数据库对象
```

```
PreparedStatement pstmt=conn.preparedStatement(sql);
```

但在 SQL 语句中没有指定具体的年龄和性别，在实际执行该 SQL 前，需要向 preparedStatemenr 对象传递参数值。设置参数的格式为：

```
PreparedStatement 对象.setXxxx(position,value);
```

其中 position 代表参数的位置号，第一个出现的，其位置号为 1，依次增 1；value 代表要传给参数的值；setXxx() 中的 Xxx 代表不同的数据类型，常见的 set 方法有以下几种：

```
void setInt(Int parameterIndex,int x);
void setFloat(Int parameterIndex,float x);
void setString(Int parameterIndex,String x);
void setDate(Int parameterIndex,Date x);
```

针对下列语句设置参数值，假设 age 字段的值为 20，sex 字段的值为男，则需要设置如下：

```
//SQL 语句
String sql="select * from stuInfo where age>?and sex=?";
//conn 为连接数据库对象
PreparedStatement pstmt=conn.preparedStatement(sql);
pstmt.setInt(1,20);
pstmt.setString(2,"男");
```

6.2.2 执行 SQL

创建操作对象后，就可以利用该对象实现对数据库的具体操作，即执行 SQL 语句。对于数据库的基本操作有查询、添加、修改、删除，这四类操作可分为两类：查询数据库记录操作和更新数据库记录操作，由于创建操作对象有 Statement 和 PrepareStatement 对象，所以分别介绍其执行方法。

（1）Statement 对象执行 SQL 语句。

Statement 主要提供了两种执行 SQL 语句的方法。

① Result executeQuery(String sql)：执行 select 语句，返回一个结果集。

假设 stmt 是创建的 Statement 实例，下面的代码是查询 stuInfo 表中所有记录并形成查询结果集 ResultSet rs：

```
String sql="select * from stuInfo";//SQL 语句
Statement stmt=conn.createStatement();
ResultSet rs=stmt.executeQuery(sql);
```

② int executeUpdate(String sql)：执行 update、insert、delete，返回一个整数，表示执行 SQL 语句影响的数据行数。

假设 stmt 是创建的 Statement 实例，下面的代码是删除 stuInfo 表中 id 为 3 的记录：

```
String sql="delete from stuInfo where id=3";//SQL语句
Statement stmt=conn.createStatement();
int n=stmt.executeUpdate(sql);
```

（2）PreparedStatement 对象执行 SQL 语句。

PreparedStatement 也有 ResultSet executeQuery() 和 int executeUpdate 两个方法，但都不带参数。

PreparedStatement 两种执行 SQL 语句的方法如下：

① Result executeQuery(String sql)：执行 select 语句，返回一个结果集。

假设 stmt 是创建的 PreparedStatement 实例，下面的代码是查询 stuInfo 表中所有记录并形成查询结果集 ResultSet rs：

```
String sql="select * from stuInfo";//SQL语句
PreparedStatement pstmt=conn.createPreparedStatement (sql);
ResultSet rs=pstmt.executeQuery();
```

② int executeUpdate(String sql)：执行 update、insert、delete，返回一个整数，表示执行 SQL 语句影响的数据行数。

假设 stmt 是创建的 Statement 实例，下面的代码是删除 stuInfo 表中 id 为 3 的记录：

```
String sql="delete from stuInfo where id=3";//SQL语句
PreparedStatement pstmt=conn.createPreparedStatement (sql);
int n=pstmt.executeUpdate();
```

> **注意**：Statement 对象和 PrepareStatement 对象执行 SQL 语句存在差异，特别注意的是，PrepareStatement 对象执行 SQL 语句的方法是不带参数的。

6.2.3 获得查询结果并进行处理

如果 SQL 语句是查询语句，执行 executeQuery() 方法返回的是 ResultSet 对象。ResultSet 对象是一个由查询结果构成的数据表。对查询结果的返回，一般需要首先定位记录位置，然后对确定记录的字段项实现操作。

（1）记录定位操作。

在 ResultSet 结果记录中隐含着一个数据行指针，可使用表 6-1 中的方法将指针移动到指定的数据行。

表 6-1　ResultSet 接口的常用方法

方　　法	说　　明
first()	指针定位到第一行
last()	指针定位到最后一行

续表

方 法	说 明
previous()	指针定位到上一行
next()	指针定位到下一行
getRow()	查看当前行的索引编号，编号从 1 开始
FindColumm	按指定列名查看列名的索引编号
close()	释放 ResultSet 实例占用的数据库和 JDBC 资源

（2）读取指定字段的数据操作。

移到指定的数据行后，再使用一组 getXxx() 方法读取各字段的数据。其中 Xxx 指的是 Java 的数据类型。这些 getXxx() 方法参数有两种格式，一是用整数指定字段的索引（索引从 1 开始），二是用字段名来指定字段。表 6-2 列出了采用"指定字段的索引号"获取各种类型的字段值方法。同样将表中各方法的参数可改为"用字段名来指定字段"获取字段的值的方法。

表 6-2 采用"指定字段的索引号"获取各种类型的字段值的方法

方 法	说 明
boolean getBoolean(int ColumnIndex)	返回指定字段的以 Java 的 boolean 类型表示的字段值
string getString(int ColumnIndex)	返回指定字段的以 Java 的 string 类型表示的字段值
byte getByte(int ColumnIndex)	返回指定字段的以 Java 的 byte 类型表示的字段值
short getShort(int ColumnIndex)	返回指定字段的以 Java 的 short 类型表示的字段值
int getInt(int ColumnIndex)	返回指定字段的以 Java 的 int 类型表示的字段值
long getLong(int ColumnIndex)	返回指定字段的以 Java 的 long 类型表示的字段值
float getFloat(int ColumnIndex)	返回指定字段的以 Java 的 float 类型表示的字段值
double getDouble(int ColumnIndex)	返回指定字段的以 Java 的 double 类型表示的字段值
byete[ ] getBytes(int ColumnIndex)	返回指定字段的以 Java 的字节数组类型表示的字段值
Date getDate(int ColumnIndex)	返回指定字段的以 Java.sql.Date 的 Date 类型表示的字段值

假设数据表 stuInfo，其中的字段是 xh（学号，字符串）、name（姓名，字符串），cj（成绩，整型），并且查询结果集为 rs，则获取当前记录的各字段的值：

```
String sql="select xh,name,cj from stuInfo";
ResultSet rs=stmt.executeQuery(sql);
// 或者 String student_xh=rs.getString("xh");
String student_xh=rs.getString(1);
int student_cj=rs.getInt(3);//int student_cj=rs.getInt("cj");
//String student_name=rs.getString("name");
String student_name=rs.getString(2);
```

（3）修改指定字段的数据操作。

移到指定的数据行后，可以使用一组 updateXxx() 方法设置字段新的数值，其中 Xxx 指的是 Java 的数据类型。这些 updateXxx() 方法的参数也有两种格式：一是整数指定字段的索引（索引从 1 开始），二是用字段名来指定字段。其格式为：

```
updateXxx(字段名或字段序号,新数值)
```

假设数据表 stuInfo，其中的字段是 xh（学号，字符串）、name（姓名，字符串）、cj（成绩，整型），并且查询结果集为 rs，要将数据表 stuInfo 当前记录中成绩改为 90，则需要执行：

```
String sql="select xh,name,cj from stuInfo";
ResultSet rs=stmt.executeQuery(sql);
rs.updateInt(3,90);//或者 rs.updateInt("cj",90);
```

6.2.4 释放资源

为了实现对数据库的操作，建立了数据库连接对象（Connection conn），然后又创建了操作对象（PreparedStatement pstmt 或 Statement stmt），对于查询操作，又得到了查询结果集对象（ResultSet rs）。当完成数据库记录的一次操作后，应及时关闭这些对象并释放资源。

假设建立的对象依次为：连接对象 conn，操作对象 stmt，得到的查询结果对象为 rs，则需要依次关闭的对象如下：

```
rs.close();
stmt.close();
conn.close();
```

注意：
（1）关闭对象的次序与创建对象的次序是相反的。
（2）上述步骤中用到的方法一般要抛出检验异常，把调用它们的语句放在 try 块中，具体实现将在后面内容详细描述。

【案例说明】描述一个学生身体体质的信息有：id（序号，整型）、name（姓名，字符串）、sex（性别，字符串）、age（年龄，整型）、weight（体重，实型）、height（身高，实型）。存放学生身体体质信息的数据库为 student，数据表为 stu_info。要求：利用 JDBC 技术实现对学生身体体质信息的管理。系统功能划分为：

（1）添加记录模块：完成数据库添加新记录。相应的记录信息：序号、姓名、性别、年龄、体重、身高，分别为：16、"张三"、"男"、20、70.0、175。

（2）查询记录模块：完成将数据库的记录以网页的方式显示出来，一般需要采用有条件的查询。

（3）修改记录模块：完成对指定条件的数据库记录实现修改。

（4）删除记录模块：完成从数据库中对指定条件记录的删除。

实战演练 6-1　学生体质信息管理系统——添加记录模块

【学习目标】理解并运用数据库访问技术实现数据添加功能。

【知识要点】connection 对象创建数据库连接，Statement 对象的 executeUpdate() 方法。

【完成步骤】

（1）创建一个名叫"ch6"的 Web 项目。依次单击"File"→"New"→"Web Project"菜单项，在"Project Name"文本框中输入项目名称"ch6"，单击"Finish"按钮，完成创建。

（2）将 sqljdbc.jar 复制到 Web 项目 ch6 的 WEB-INF\lib 目录下

（3）依次创建名为"insert-stu-tijiao.jsp"、"insert-stu.jsp"的 JSP 页面。依次右击"Web Root"→"New"→"JSP"命令，在"File Name"文本框中输入"insert-stu-tijiao.jsp"、"insert-stu.jsp"，单击"Finish"按钮，完成 JSP 页面的创建。

【案例代码】insert-stu-tijiao.jsp 页面的代码如下所示：

```
1   <%@ page language="java" import="java.util.*" pageEncoding="UTF-8"%>
2   <html>
3     <head>
4       <title>添加任意学生的提交页面</title>
5     </head>
6     <body>
7       <form action="insert-stu.jsp" method="post">
8       <table border="0" width="238" height="252">
9       <tr><td>学号</td><td><input type="text" name="id"/></td></tr>
10      <tr><td>姓名</td><td><input type="text" name="name"/></td></tr>
11      <tr><td>性别</td><td><input type="text" name="sex"/></td></tr>
12      <tr><td>年龄</td><td><input type="text" name="age"/></td></tr>
13      <tr><td>体重</td><td><input type="text" name="weight"/></td></tr>
14      <tr><td>身高</td><td><input type="text" name="height"/></td></tr>
15      <tr align="center">
16      <td colspan="2">
17      <input type="submit" value=" 提交 "/>   
18      <input type="reset" value=" 取消 "/>
19      </td>
20      </tr>
21      </table>
22      </form>
23      </body>
24  </html>
```

【案例代码】insert-stu.jsp 页面的代码如下所示：

```jsp
1  <%@ page language="java" import="java.util.*" pageEncoding="UTF-8"%>
2  <%@ page import="java.sql.*" %>
3  <html>
4    <head>
5      <title>利用Statement对象添加一条记录页面</title>
6    </head>
7  <body>
8    <%
9      Class.forName("com.microsoft.sqlserver.jdbc.SQLServerDriver");
10     String strConn="jdbc:sqlserver://127.0.0.1:1433;DatabaseName=student";
11     String strUser="sa";
12     String strPassword="123456";
13     Connection conn=DriverManager.getConnection(strConn,strUser,strPassword);
14     request.setCharacterEncoding("UTF-8");// 避免提交数据库的数据成乱码
15     int id=Integer.parseInt(request.getParameter("id")) ;
16     String name=request.getParameter("name") ;
17     String sex=request.getParameter("sex");
18     int age=Integer.parseInt(request.getParameter("age")) ;
19     float weight=Float.parseFloat(request.getParameter("weight"));
20     float height=Float.parseFloat(request.getParameter("height"));
21     Statement stmt=conn.createStatement();
22     String sql="insert stuInfo values('"+id+"','"+name+"','"+sex+"','"
23  +age+"','"+weight+"','"+height+"')";
24     int n = stmt.executeUpdate(sql);
25     if(n>0)
26     {
27     %>
28       数据插入成功!<br>
29     <%
30     }
31     else
32     {
33     %>
34       数据插入失败!<br>
35     <%
36     }
37     if(stmt!=null)
38     {
39       stmt.close();
40     }
41     if(conn!=null)
42     {
43       conn.close();
44     }
```

```
45      %>
46      </body>
47  </html>
```

【程序说明】

第 9 ～ 13 行建立数据库连接。

第 15 ～ 20 行通过 request.getParameter() 方法获取 insert-stu-tijiao.jsp 页面传递过来的表单数据。

第 21 行利用连接对象建立 Statement 对象。

第 22 ～ 23 行创建 SQL 语句。

第 24 行调用 Statement 对象执行 executeUpdate() 方法，向数据库中插入（添加）记录。

第 25 ～ 36 行根据 executeUpdate() 方法返回的整数，判断是否执行成功，如果大于 0 表示成功，否则执行失败。

第 37 ～ 45 行关闭资源。

（4）启动 Tomcat 服务器，部署 ch6 项目，在浏览器地址栏中输入 "http://localhost:8080/ch6/ insert-stu-tijiao.jsp"。

【程序运行界面】程序运行结果如图 6-1 所示。

图 6-1　添加记录模块演示页面

实战演练 6-2　学生体质信息管理系统——查询记录模块

【学习目标】理解并运用数据库访问技术实现数据查询功能。

【知识要点】connection 对象创建数据库连接；Statement 对象的 executeQuery() 方法。

【完成步骤】

（1）创建一个名叫 "ch6" 的 Web 项目。依次单击 "File" → "New" → "Web Project" 菜单项，在 "Project Name" 文本框中输入项目名称 "ch6"，单击 "Finish" 按钮，完成创建。

（2）将 sqljdbc.jar 复制到 Web 项目 ch6 的 WEB-INF\lib 目录下。

（3）依次创建名为 "find-stu-tijiao.jsp"、"find-stu.jsp" 的 JSP 页面。依次右击 "Web

Root"→"New"→"JSP"命令,在"File Name"文本框中输入"find-stu-tijiao.jsp""find-stu.jsp",单击"Finish"按钮,完成 JSP 页面的创建。

【案例代码】find-stu-tijiao.jsp 页面的代码如下所示:

```
1  <%@ page language="java" import="java.util.*" pageEncoding="UTF-8"%>
2  <html>
3    <head>
4      <title>查询条件提交页面</title>
5    </head>
6    <body>
7    请选择查询条件<hr width="100%" size="3">
8    <form action="find-stu.jsp" method="post">
9    性别:男<input type="radio" value="男" name="sex" checked="checked"/>
10   女<input type="radio" value="女" name="sex"/><br><br>
11   体重范围:<p>
12   最小<input type="text" name="w1" value="0"/><br><br>
13   最大<input type="text" name="w2" value="150"/></p>
14   <input type="submit" value="提交"/>
15   <input type="reset" value="取消"/>
16   </form>
17   </body>
18 </html>
```

【案例代码】find-stu.jsp 页面的代码如下所示:

```
1  <%@ page language="java" import="java.util.*" pageEncoding="UTF-8"%>
2  <%@ page import="java.sql.*" %>
3  <html>
4    <head>
5        <title>由提交页面获取查询条件并实现查询的页面</title>
6    </head>
7    <body>
8    <center>
9      <%
10     Class.forName("com.microsoft.sqlserver.jdbc.SQLServerDriver");
11     String strConn="jdbc:sqlserver://127.0.0.1:1433;DatabaseName=student";
12     String strUser="sa";
13     String strPassword="123456";
14     Connection conn=DriverManager.getConnection(strConn,strUser,strPassword);
15     request.setCharacterEncoding("UTF-8");// 避免乱码
16     String sex=request.getParameter("sex");
17     float weight1=Float.parseFloat(request.getParameter("w1"));
18     float weight2=Float.parseFloat(request.getParameter("w2"));
19     String sql="select * from stuInfo where sex='"+sex+"' and weight>=
```

```jsp
20  '"+weight1+"' and weight<='"+weight2+"'";
21     Statement stmt=conn.createStatement(ResultSet.TYPE_SCROLL_INSENSITIVE,
22  ResultSet.CONCUR_READ_ONLY);
23       ResultSet rs=stmt.executeQuery(sql);
24       rs.last();//移动至最后一条记录
25       %>
26       你要查询的学生数据表中共有<font size="5" color="red"><%=rs.getRow() %>
27  </font>人
28       <table border="2" bgcolor="ccceee" width="650">
29       <tr bgcolor="CCCCCC" align="center">
30       <td> 记录条数 </td>
31       <td> 学号 </td>
32       <td> 姓名 </td>
33       <td> 性别 </td>
34       <td> 年龄 </td>
35       <td> 体重 </td>
36       <td> 身高 </td>
37       </tr>
38       <%rs.beforeFirst();//移至第一条记录之前
39       while(rs.next())
40       {%>
41       <tr align="center">
42       <td><%=rs.getRow() %></td>
43       <td><%=rs.getString("id") %></td>
44       <td><%=rs.getString("name") %></td>
45       <td><%=rs.getString("sex") %></td>
46       <td><%=rs.getString("age") %></td>
47       <td><%=rs.getString("weight") %></td>
48       <td><%=rs.getString("height") %></td>
49       </tr>
50       <%}
51        %>
52       </table>
53       </center>
54       <%
55       if(rs!=null)
56       {
57          rs.close();
58       }
59       if(stmt!=null)
60       {
61          stmt.close();
62       }
63       if(conn!=null)
```

```
64        {
65            conn.close();
66        }
67     %>
68  </body>
69  </html>
```

【程序说明】

第 10 ~ 13 行建立数据库连接。

第 15 ~ 17 行通过 request.getParameter() 方法获取 find-stu-tijiao.jsp 页面传递过来的表单数据。

第 18 ~ 19 行创建 SQL 语句。

第 20 ~ 21 行利用连接对象建立 Statement 对象。

第 22 行调用 Statement 对象执行 executeQuery() 方法，在数据库中进行查询，如果有匹配的数据，则返回数据至数据集对象 rs 中。

第 38 ~ 49 行逐行读取结果集对象 rs 中的数据，通过使用 rs.getString() 方法读取每条记录中的字段信息。

第 54 ~ 65 行关闭资源。

（4）启动 Tomcat 服务器，部署 ch6 项目，在浏览器地址栏中输入 "http://localhost:8080/ch6/find-stu-tijiao.jsp"。

【程序运行界面】查询记录模块演示页面如图 6-2 所示。

图 6-2　查询记录模块演示页面

实战演练 6-3　学生体质信息管理系统——修改记录模块

【学习目标】理解并运用数据库访问技术实现修改数据功能。

【知识要点】connection 对象创建数据库连接；Statement 对象的 executeUpdate() 方法。

【完成步骤】

（1）创建一个名为 "ch6" 的 Web 项目，依次单击 "File" → "New" → "Web Project" 菜单

项，在"Project Name"文本框中输入项目名称"ch6"，单击"Finish"按钮，完成创建。

（2）将 sqljdbc.jar 复制到 Web 项目 ch6 的 WEB-INF\lib 目录下。

（3）依次创建名为"update-stu-tijiao.jsp"、"update-stu-edit.jsp"、"update-stu.jsp"的 JSP 页面。依次右击"Web Root"→"New"→"JSP"命令，在"File Name"文本框中输入"update-stu-tijiao.jsp""update-stu-edit.jsp""update-stu.jsp"，单击"Finish"按钮，完成 JSP 页面的创建。

【案例代码】update-stu-tijiao.jsp 页面的代码如下所示：

```
1  <%@ page language="java" import="java.util.*" pageEncoding="UTF-8"%>
2  <html>
3    <head>
4      <title>修改记录的条件提交页面</title>
5    </head>
6    <body>
7       请选择修改记录所满足的条件<hr width="100%" size="3">
8      <form action="update-stu-edit.jsp" method="post">
9      姓名：<input type="text" name="name"/><br><br>
10     性别：男<input type="radio" value="男" name="sex"/>
11     女<input type="radio" value="女" name="sex"/><br><br>
12     <input type="submit" value="提交"/>
13     <input type="reset" value="取消"/>
14     </form>
15    </body>
16 </html>
```

【案例代码】update-stu-edit.jsp 页面的代码如下所示：

```
1  <%@ page language="java" import="java.util.*" pageEncoding="UTF-8"%>
2  <%@ page import="java.sql.*" %>
3  <html>
4    <head>
5      <title>修改编辑页面</title>
6    </head>
7    <body>
8      <%
9        Class.forName("com.microsoft.sqlserver.jdbc.SQLServerDriver");
10       String strConn="jdbc:sqlserver://127.0.0.1:1433;DatabaseName=student";
11       String strUser="sa";
12       String strPassword="123456";
13       Connection conn=DriverManager.getConnection(strConn,strUser,strPassword);
14       request.setCharacterEncoding("UTF-8");//避免乱码
15       String name=request.getParameter("name") ;
16       String sex=request.getParameter("sex");
```

```jsp
17        session.setAttribute("sex", sex);
18        session.setAttribute("name", name);
19        String sql="select * from stuInfo where sex='"+sex+"' and name='"+name+"'";
20        Statement stmt=conn.createStatement();
21        ResultSet rs=stmt.executeQuery(sql);
22        if(rs.next())
23        {
24          int id=rs.getInt("id");
25          String name2=rs.getString("name");
26          String sex2=rs.getString("sex");
27          int age=rs.getInt("age");
28          float weight=rs.getFloat("weight");
29          float height=rs.getFloat("height");
30      %>
31      <form action="update-stu.jsp" method="post">
32      <table border="0" width="238" height="252">
33      <tr><td>学号</td>
34      <td><input type="text" name="id" value=<%=id%>/></td></tr>
35      <tr><td>姓名</td>
36      <td><input type="text" name="name2" value=<%=name2%>/></td></tr>
37      <tr><td>性别</td>
38      <td><input type="text" name="sex2" value=<%=sex2%>/></td></tr>
39      <tr><td>年龄</td>
40      <td><input type="text" name="age" value=<%=age%>/></td></tr>
41      <tr><td>体重</td>
42      <td><input type="text" name="weight" value=<%=weight%>/></td></tr>
43      <tr><td>身高</td>
44      <td><input type="text" name="height" value=<%=height%>/></td></tr>
45      <tr align="center">
46      <td colspan="2">
47      <input type="submit" value=" 提交 "/>    
48      <input type="reset" value=" 取消 "/>
49      </td>
50      </tr>
51      </table>
52      </form>
53      <% }
54      else
55      {
56      %>
57                没有找到合适条件的记录！！
58      <%
59        if(rs!=null){rs.close();}
60        if(stmt!=null){stmt.close();}
```

```
61        if(conn!=null){conn.close();}
62      }%>
63   </body>
64 </html>
```

【程序说明】

第 9 ~ 13 行建立数据库连接。

第 15 ~ 16 行通过 request.getParameter() 方法获取 update-stu-tijiao.jsp 页面传递过来的用户性别和姓名。

第 17 ~ 18 行将用户的性别和姓名信息放进 session 中。

第 19 ~ 21 行根据性别和姓名查询数据库,并将查询结果返回至结果集 rs 中。

第 22 ~ 29 行逐行读取结果集对象 rs 中的数据,通过使用 rs.getString() 方法读取每条记录中的字段信息。

第 31 ~ 53 行创建表单,将数据库中返回的结果数据显示在表单中。

第 57 行显示查询无结果的情况。

第 59 ~ 61 行关闭资源。

【案例代码】update-stu.jsp 页面的代码如下所示:

```
1  <%@ page language="java" import="java.util.*" pageEncoding="UTF-8"%>
2  <%
3  String path = request.getContextPath();
4  String basePath = request.getScheme()+"://"+request.getServerName()+":"+request.
5  getServerPort()+path+"/";
6  %>
7  <%@page import="java.sql.*" %>
8  <!DOCTYPE HTML PUBLIC "-//W3C//DTD HTML 4.01 Transitional//EN">
9  <html>
10   <head>
11     <base href="<%=basePath%>">
12     <title>修改后重写记录页面</title>
13     <meta http-equiv="pragma" content="no-cache">
14     <meta http-equiv="cache-control" content="no-cache">
15     <meta http-equiv="expires" content="0">
16     <meta http-equiv="keywords" content="keyword1,keyword2,keyword3">
17     <meta http-equiv="description" content="This is my page">
18     <!--
19     <link rel="stylesheet" type="text/css" href="styles.css">
20     -->
21   </head>
22   <body>
23    <%
24     Class.forName("com.microsoft.sqlserver.jdbc.SQLServerDriver");
```

```
25      String strConn="jdbc:sqlserver://127.0.0.1:1433;DatabaseName=student";
26      String strUser="sa";
27      String strPassword="123456";
28      Connection conn=DriverManager.getConnection(strConn,strUser,strPassword);
29      request.setCharacterEncoding("UTF-8");//避免乱码
30      int id=Integer.parseInt(request.getParameter("id")) ;
31      String name2=request.getParameter("name2") ;
32      String sex2=request.getParameter("sex2");
33      int age=Integer.parseInt(request.getParameter("age")) ;
34      float weight=Float.parseFloat(request.getParameter("weight"));
35      float height=Float.parseFloat(request.getParameter("height"));
36      String name=(String)session.getAttribute("name");
37      String sex=(String)session.getAttribute("sex");
38      Statement stmt=conn.createStatement();
39      String sql="update stuInfo set id='"+id+"',name='"+name2+"',sex
40  ='"+sex2+"',age='"+age+"',weight='"+weight+"',height='"+height+"' where
41  name='"+name+"' and sex='"+sex+"'";
42      int n=stmt.executeUpdate(sql);
43      if(n>=1)
44      {%>
45      重写数据成功!
46      <%}
47      else
48      {%>
49      重写数据失败!
50      <%}
51      if(stmt!=null){stmt.close();}
52      if(conn!=null){conn.close();}
53      %>
54      </body>
55      </html>
```

【程序说明】

第 24 ~ 28 行建立数据库连接。

第 30 ~ 35 行通过 request.getParameter() 方法获取表单中传递过来的数据。

第 36 ~ 37 行获取 session 中保存的用户性别和姓名。

第 38 ~ 42 行创建 sql 语句，更新数据库的数据信息。如果数据库更新成功则返回更新的数据记录条数，更新不成功则返回 0。

第 43 ~ 50 行根据返回更新记录的数据，判断是否更新成功。

第 51 ~ 52 行关闭资源。

（4）启动 Tomcat 服务器，部署 ch6 项目，在浏览器地址栏中输入"http://localhost:8080/

ch6/ update-stu-tijiao.jsp"。

【程序运行界面】更新记录模块演示页面如图 6-3 所示。

图 6-3　更新记录模块演示页面

实战演练 6-4　学生体质信息管理系统——删除记录模块

【学习目标】理解并运用数据库访问技术实现删除数据功能。

【知识要点】connection 对象创建数据库连接；Statement 对象的 executeUpdate() 方法。

【完成步骤】

（1）创建一个名为"ch6"的 Web 项目，依次单击"File"→"New"→"Web Project"菜单项，在"Project Name"文本框中输入项目名称"ch6"，单击"Finish"按钮，完成创建。

（2）将 sqljdbc.jar 复制到 Web 项目 ch6 的 WEB-INF\lib 目录下，依次创建名为"delete-stu-tijiao.jsp"、"delete-stu.jsp"的 JSP 页面。依次右击"Web Root"→"New"→"JSP"命令，在"File Name"中输入"delete-stu-tijiao.jsp"、"delete-stu.jsp"，单击"Finish"按钮，完成 JSP 页面的创建。

【案例代码】delete-stu-tijiao.jsp 页面的代码如下所示：

```
1   <%@ page language="java" import="java.util.*" pageEncoding="UTF-8"%>
2   <html>
3     <head>
4       <title>删除条件提交页面</title>
5     </head>
6   <body>
7       请选择删除记录条件<hr width="100%" size="3">
8       <form action="delete-stu.jsp" method="post">
9       姓名：<input type="text" name="name"><br><br>
10      性别：男<input type="radio" value="男" name="sex">
11      女<input type="radio" value="女" name="sex"><br><br>
12      体重范围：<p>
13      最小<input type="text" name="w1"><br><br>
14      最大<input type="text" name="w2"></p>
15      <input type="submit" value="提交">   
16      <input type="reset" value="取消">
```

```
17        </form>
18      </body>
19    </html>
```

【案例代码】delete-stu.jsp 页面的代码如下所示：

```
1   <%@ page language="java" import="java.util.*" pageEncoding="UTF-8"%>
2   <%@ page import="java.sql.*" %>
3   <html>
4     <head>
5       <title>利用提交条件删除记录页面</title>
6     </head>
7     <body>
8     <%
9       Class.forName("com.microsoft.sqlserver.jdbc.SQLServerDriver");
10      String strConn="jdbc:sqlserver://127.0.0.1:1433;DatabaseName=student";
11      String strUser="sa";
12      String strPassword="123456";
13  Connection conn=DriverManager.getConnection(strConn,strUser,strPassword);
14      request.setCharacterEncoding("UTF-8");//避免乱码
15      String name=request.getParameter("name") ;
16      String sex=request.getParameter("sex");
17      float weight1=Float.parseFloat(request.getParameter("w1"));
18      float weight2=Float.parseFloat(request.getParameter("w2"));
19      Statement stmt=conn.createStatement();
20      String sql="delete stuInfo where name='"+name+"' and sex='"+sex+"' and
21  weight>='"+weight1+"' and weight<='"+weight2+"'";
22      int n=stmt.executeUpdate(sql);
23      if(n==1)// 成功删除一条记录
24      {%>数据删除操作成功！
25      <%}
26      else
27      {%>数据删除失败！
28      <%
29      }
30      if(stmt!=null){stmt.close();}
31      if(conn!=null){conn.close();}
32    %>
33    </body>
34  </html>
```

（3）启动 Tomcat 服务器，部署 ch6 项目，在浏览器地址栏中输入"http://localhost:8080/ch6/delete-stu-tijiao.jsp"。

【程序运行界面】删除记录模块演示页面如图 6-4 所示。

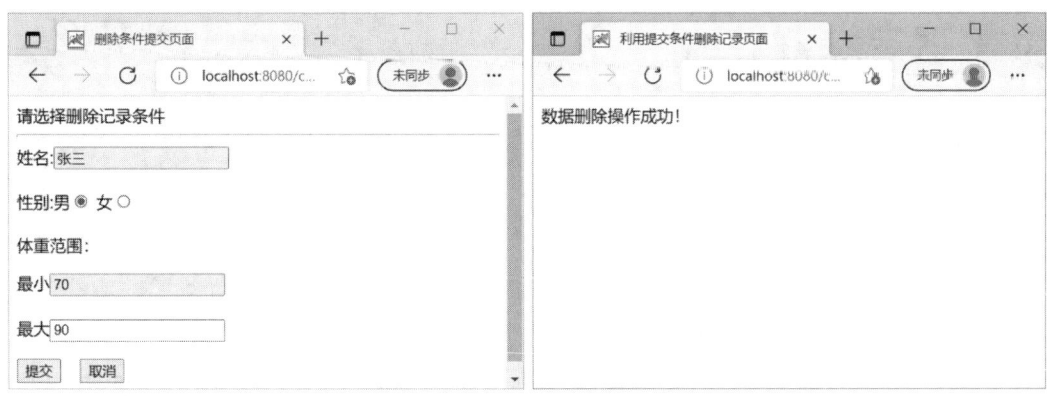

图 6-4　删除记录模块演示页面

课外拓展

【拓展 1】在 SQL Server 2008 中创建 eBook 网站的数据库。数据库名 eBook，分别包含两张表，表信息如下：

（1）admin 管理员表：

属性名称	含义	数据类型	是否为空	约束
a_name	管理员账号	varchar(30)	not null	主键
a_pass	管理员密码	varchar(30)	not null	
a_phone	联系电话	varchar(40)	null	

（2）book 图书信息表：

属性名称	含义	数据类型	是否为空	约束
b_id	图书号	int	not null	标识列
b_name	图书名称	varchar(40)	not null	
b_author	图书作者	varchar(40)	not null	
b_publisher	出版社名称	varchar(40)	not null	
b_ISBN	图书 ISBN 号	varchar(40)	not null	主键
b_price	图书价格	float	not null	
b_discription	图书描述	varchar(MAX)	null	

【拓展 2】编写数据库访问程序，通过 eBook 网站数据库进行用户名和密码的验证。

【拓展 3】完成 eBook 网站后台管理中的图书管理功能，实现图书信息的添加、修改、删除功能。

课后练习

一、填空题

1. _____ 类是 JDBC 的管理层，作用于用户和驱动程序之间。在 JSP 中要加载注册驱动程序必须调用该类的 _____ 方法。

2. 在 JSP 中，当执行查询操作时，一般将查询结果保存在 _____ 对象中。

3. 当执行的 SQL 语句是预编译的时，需要借助于 _____ 对象来实现。

4. 创建一个 Statement 对象的实例需要调用 Connection 的 _____ 方法。Statement 对象的 _____ 方法一般用于执行 SQL 的 insert、update 或 delete 语句；_____ 方法一般用于执行 SQL 的 select 语句。

二、选择题

1. （   ）方法用于判断连接是否已经关闭。

    A. close()　　　　B. isClosed()　　　　C. executeUpdate()　　　D. executeQuery()

2. ResultSet 对象的 next() 方法的作用是（   ）。

    A. 将记录指针移到记录集的第一行

    B. 将记录指针从当前位置上移一行

    C. 将记录指针移到记录集的最后一行

    D. 将记录指针从当前位置下移一行

3. 更新数据库使用的关键字是（   ）。

    A. INSERT　　　　B. DELETE　　　　C. UPDATE　　　　D. SELECT

4. 下述选项中不属于 JDBC 基本功能的是（   ）。

    A. 与数据库建立连接　　　　　　　B. 提交 SQL 语句

    C. 处理查询结果　　　　　　　　　D. 数据库维护管理

5. （   ）是微软公司提供的连接 SQL Server 数据库的 JDBC 驱动程序。

    A. com.mysql.jdbc.Driver

    B. com.jdbc.odbc.JdbcOdbcDriver

    C. oracle.jdbc.driver.OracleDriver

    D. com.microsoft.sqlserver.jdbc.SQLServerDriver

三、简答题

简述使用纯 Java 数据库驱动程序访问数据库时有哪些步骤？

任务 7 JavaBean 技术

学习目标

1. 了解 JavaBean 的含义。
2. 理解 JSP + JavaBean 的开发模式。
3. 学会在 JSP 中使用 JavaBean 技术。

7.1 知识准备——JavaBean 简介

JavaBean 是一个可重复使用的软件组件,是用 Java 语言编写的、遵循一定标准的类,该类的一个实例称为一个 JavaBean,简称 bean。JavaBean 将 JSP 页面中部分可以重复利用的程序代码抽取出来,并封装到其中,实现业务逻辑封装,具有可重用、升级方便、不依赖平台等特点。

JavaBean 可以分为数据 bean 和业务 bean。数据 bean 用于封装数据;业务 bean 用于封装业务逻辑、数据库操作等。

通常一个标准的 JavaBean 需遵守以下规范:

(1) JavaBean 是公共的类。

(2) 构造方法没有输入参数。

(3) 属性必须声明为 private,方法必须声明为 public。

(4) 提供对应的 setXxx() 和 getXxx() 方法来存取类中的属性。方法中的"Xxx"为属性名称,属性的第一个字母应大写。若属性为布尔类型,则可使用 isXxx() 方法代替 getXxx() 方法。

实战演练 7-1 编写一个 JavaBean

【学习目标】学习编写 JavaBean 的方法。

【知识要点】setXxx() 方法和 getXxx() 方法的使用。

【完成步骤】

(1) 创建一个名为 "ch7" 的 Web 项目。在 ch7 目录中右击 "src" → "New" → "Package"

命令，在"Name"文本框中输入包名"com.mybean"，单击"Finish"按钮，完成JavaBean包的创建。

（2）创建一个JavaBean类。右击包名"com.mybean"→"New"→"Class"命令，在"Name"文本框中输入JavaBean类名"FirstBean"，单击"Finish"按钮，创建一个JavaBean类FirstBean.java。

（3）运用JavaBean的编码规范，编写FirstBean.java程序。

【案例代码】FirstBean.java程序的代码如下所示：

```
1   package com.mybean;
2   public class FirstBean {
3       private String username = null;
4       private String password = null;
5       public FirstBean(){}
6       public void setUsername(String username) {
7           this.username = username;
8       }
9       public void setPassword(String password) {
10          this.password = password;
11      }
12      public String getUsername() {
13          return username;
14      }
15      public String getPassword() {
16          return password;
17      }
18  }
```

【程序说明】

第1行：定义名为com.mybean的类包，将FirstBean类添加至该类包中。

第2～18行：定义FirstBean类。

第3～4行：定义类的两个成员属性。

第5行：定义不带参数的构造方法。

第6～11行：定义属性的setXxx()方法，用于设置属性的值。

第12～17行：定义属性的getXxx()方法，用于获取属性的值。

特别注意：JavaBean是一个没有主方法的类（但可以编写main方法进行JavaBean功能测试），一般的Java类默认继承自Object类，而bean不需要这种继承。

7.2 知识准备——JavaBean+JSP 模式

在 JSP 网页开发的初级阶段,并没有框架与逻辑分层概念的产生,需要将 Java 代码嵌入到网页中对 JSP 页面中的一些业务逻辑进行处理,如字符串处理、数据库操作等,其开发流程如图 7-1 所示。

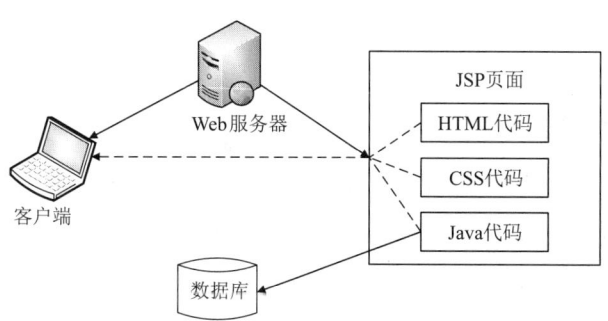

图 7-1 JSP 初级阶段开发模式

此种开发方式虽然看似流程简单,但如果将大量的 Java 代码嵌入到 JSP 页面中,必定会给修改及维护带来一定的困难,因为在 JSP 页面中包含 HTML 代码、CSS 代码、Java 代码等,同时再加入业务逻辑处理代码,既不利于页面编程人员的设计,也不利于 Java 程序员对程序的开发,而且将 Java 代码写入到 JSP 页面中,不能体现面向对象的开发模式,达不到代码的重用。

如果使 HTML 代码与 Java 代码相分离,将 Java 代码单独封装成为一个处理某种业务逻辑的类,然后在 JSP 页面中调用此类,则可以降低 HTML 代码与 Java 代码之间的耦合度,简化 JSP 页面,提高 Java 程序代码的重用性及灵活性。这种与 HTML 代码相分离,而使用 Java 代码封装的类,就是一个 JavaBean 组件。在 Java Web 开发中,可以使用 JavaBean 组件来完成业务逻辑的处理。应用 JavaBean 与 JSP 整合的开发模式如图 7-2 所示。

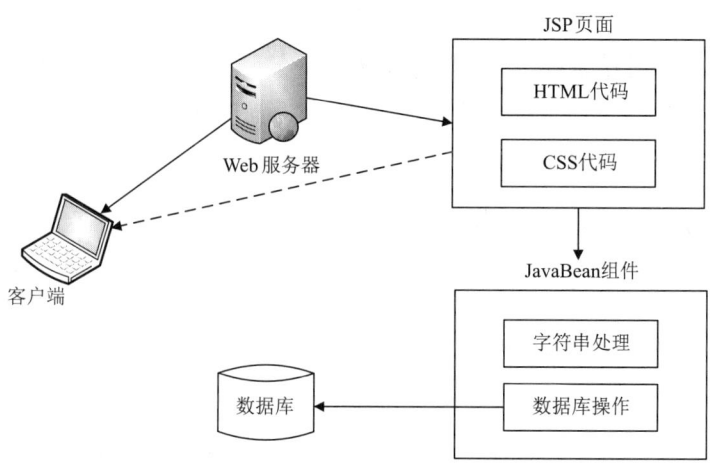

图 7-2 JSP+JavaBean 开发模式

JavaBean 和 JSP 技术的结合不仅可以实现表现层和业务逻辑层的分离，还可以提高 JSP 程序的运行效率，提高代码的重用率，并且可以实现并行开发，是 JSP 编程中常用的技术。在使用 JavaBean 的 JSP 页面中，首先必须有响应的 page 指令引入 JavaBean 类，例如：

```
<%@ page import="com.mybean.FirstBean" %>
```

在 JSP 中提供了 <jsp:useBean>、<jsp:setProperty> 和 <jsp:getProperty> 等动作标记来实现对 JavaBean 的操作。

7.2.1 <jsp:useBean> 动作标记

<jsp:useBean> 动作标记可以在 JSP 程序中定义一个具有一定作用域以及一个唯一 id 的 JavaBean 实例，JSP 页面通过指定的 id 来识别 JavaBean，也可以通过 id 来调用 JavaBean 中的方法。其基本语法格式为：

```
<jsp:useBean id="beanName" scope="page | request | session | application" class="packageName.className"/>
```

在执行过程中，<jsp:useBean> 动作标记首先会尝试寻找已经存在的、具有相同 id 和 scope 值的 JavaBean 实例，如果没有找到就会自动创建一个新的实例。<jsp:useBean> 动作标记的基本属性含义如表 7-1 所示。

表 7-1 <jsp:useBean> 动作标记基本属性

属 性 名	描　　述
id	JavaBean 在 JSP 中的唯一标识，代表一个 JavaBean 的实例。在 JSP 程序中通过 id 来识别 JavaBean
scope	代表了 JavaBean 对象的作用域，可以是 page、request、session 和 application 中的一种，默认为 page
class	代表了 JavaBean 对象的 class 名字，注意要带有包名，大小写完全一致

7.2.2 <jsp:setProperty> 动作标记

<jsp:setProperty> 动作标记可以设置 JavaBean 的属性值。使用该标记之前，必须使用 <jsp:useBean> 标记得到一个可操作的 JavaBean，而且该 JavaBean 中必须保证有相应的 setXxx() 方法。其基本语法格式如下：

```
<jsp:setProperty name="beanName" property="propertyName" value="str"/>
```

或

```
<jsp:setProperty name="beanName" property="propertyName" value="<%=expression%>"/>
```

在上述代码中，第一种格式通过字符串赋值，第二种通过表达式赋值。其中 name="beanName" 这个属性是必须的，用来表明对哪个 bean 实例执行下面的动作，这个值和 <jsp:useBean> 动作中定义的 id 必须对应起来,包括大小写都必须一致。property="propertyName"这个属性也是必须的,用来表示要设置哪个属性。value="具体的值"主要用来指定 bean 的属性的值。<jsp:setProperty> 动作标记的基本属性含义如表 7-2 所示。

表 7-2 <jsp:setProperty> 动作标记基本属性

属性名	描述
name	指定在当前 JSP 页面中使用的 JavaBean 的名称,即使用 <jsp:useBean> 动作标记定义的 JavaBean 的实例
property	指定 JavaBean 中的属性名。如果使用 property="*",程序会反复查找当前 HTTP 表单的所有参数,并且匹配 JavaBean 中相同名字的属性
param	指定 JSP 页面中表单元素的名称,注意 <jsp:setProperty> 标记中不能同时使用 param 和 value
value	指定 JavaBean 中指定属性的属性值

7.2.3 <jsp:getProperty> 动作标记

<jsp:getProperty> 标记用来获得 bean 中的属性,并将其转换为字符串,再在 JSP 页面中输出。使用该标记之前,必须使用 <jsp:useBean> 标记得到一个可操作的 JavaBean,而且该 bean 中必须具有 getXxx() 方法。使用的语法格式如下:

```
<jsp:getProperty name="beanName " property="propertyName" />
```

或

```
<jsp:getProperty name="beanName " property="propertyName" >
</jsp:getProperty>
```

<jsp:getProperty> 动作标记的基本属性含义如表 7-3 所示。

表 7-3 <jsp:getProperty> 动作标记基本属性

属性名	描述
name	指定在当前 JSP 页面中使用的 JavaBean 的名称。即使用 <jsp:useBean> 动作标记定义的 JavaBean 的实例
property	指定 JavaBean 中的属性名

实战演练 7-2 JavaBean 的简单应用

【学习目标】学习在 JSP 页面中使用 JavaBean。

【知识要点】<jsp:useBean> 动作标记、<jsp:setProperty> 动作标记、<jsp:getProperty> 动作标记的使用,JavaBean 属性的读/写操作。

【完成步骤】

(1)在 ch7 目录中新建 JSP 页面 Sample7-1.jsp,在该页面中调用例 7-1 中开发的 FirstBean。

(2)启动 Tomcat 服务器,部署 ch7 项目,在浏览器地址栏中输入"http://localhost:8080/

ch7/Sample7-1.jsp",检验程序运行结果。

【案例代码】Sample7-1.jsp 页面的代码如下所示:

```jsp
1  <%@ page language="java" import="java.util.*" pageEncoding="UTF-8"%>
2  <%@ page import="com.mybean.FirstBean" %>
3  <html>
4    <head>
5      <title>My JSP 'Sample7-1.jsp' starting page</title>
6    </head>
7    <body>
8    <jsp:useBean id="login" class="com.mybean.FirstBean" scope="page"/>
9    <%
10        login.setUsername("zhqr");
11        login.setPassword("123456");
12   %>
13   <!-- 应用 getProperty 动作标记获取值 -->
14   <h3>应用 getProperty 动作标记获得的值为: </h3>
15   UserName: <jsp:getProperty name="login" property="username"/>
16   <br>
17   Password: <jsp:getProperty name="login" property="password"/>
18   <!-- 调用属性 getXxx() 方法获取值 -->
19   <h3>调用属性 getXxx() 方法获得的值为: </h3>
20   <jsp:setProperty name="login" property="username" value="zhouqingrong
21   " />
22   <jsp:setProperty name="login" property="password" value="111111" />
23   UserName:<%=login.getUsername() %>
24   <br>
25   Password:<%=login.getPassword() %>
26   </body>
27  </html>
```

【程序说明】

第 2 行:使用 page 指令导入 FirstBean 类。

第 8 行:使用 <jsp:useBean> 动作标记定义使用 FirstBean,指定其 id 为"login",作用域 scope 为 page,即起始作用域为当前页面。

第 10、11 行:使用 FirstBean 属性的 setXxx() 方法分别设置 username、password 属性的值。

第 15、17 行:使用 <jsp:getProperty> 动作标记用于获取 FirstBean 的属性 username、password 的属性值并输出。

第 20、22 行:使用 <jsp:setProperty> 动作标记用于设置 FirstBean 的属性 username、password 的属性值。

第 23、25 行:使用 FirstBean 属性的 getXxx() 方法,分别获取 username、password 属性

的值并输出。

【**程序运行界面**】程序运行结果如图 7-3 所示。

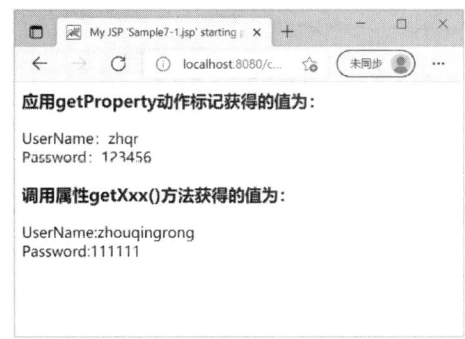

图 7-3　Sample7-1.jsp 运行结果

实战演练 7-3　使用 JavaBean 与 HTML 表单交互

【**学习目标**】学习在 JSP 页面中使用 JavaBean 与 HTML 表单交互的方法。

【**知识要点**】HTML 表单的设计；与 HTML 表单交互的 JavaBean 的编写和调用；通过 HTTP 表单的参数值来设置 JavaBean 的响应属性的值；JavaBean 获取 HTML 表单参数值。

【**完成步骤**】

（1）在 ch7 项目的 com.mybean 目录中新建并编写进行用户登录处理的 JavaBean 文件 LoginBean.java。

本例中完成用户登录验证的功能封装在 LoginBean 中，LoginBean 是在 FirstBean 的基础上增加了一个进行用户名和密码验证的 check 方法。

【**案例代码**】LoginBean.java 代码如下所示：

```
1   package com.mybean;
2   public class LoginBean {
3       private String username;
4       private String password;
5       public LoginBean(){}
6       public void setUsername(String username) {
7           this.username = username;
8       }
9       public void setPassword(String password) {
10          this.password = password;
11      }
12      public String getUsername() {
13          return username;
14      }
15      public String getPassword() {
16          return password;
```

```
17        }
18        public boolean check(){
19            if(username.equals("zhqr")&&password.equals("123")){
20                return true;
21            }
22            else{
23                return false;
24            }
25        }
26    }
```

【程序说明】

第 1 行：定义名为 com.mybean 的类包，将 LoginBean 类添加至该类包中。

第 2～26 行：定义 LoginBean 类。

第 3～4 行：定义类的两个成员属性。

第 5 行：定义不带参数的构造方法。

第 6～11 行：定义属性的 setXxx() 方法，用于设置属性的值。

第 12～17 行：定义属性的 getXxx() 方法，用于获取属性的值。

第 18～25 行：进行用户名和密码验证的 check() 方法，这里假设给定合法的用户名 zhqr 和密码 123 进行验证。

（2）编写用户登录的 HTML 页面 loginjsp.html，功能处理页面 LoginBean.jsp。

【案例代码】loginjsp.html 代码如下所示：

```
1   <html>
2     <head>
3     <title>loginjsp.html</title>
4     <script type="text/javascript">
5     function check(){
6       if(myform.username.value=""){
7         alert("请输入用户名！");
8         return false;
9       }
10      if(muform.password.value=""){
11        alert("请输入密码！");
12        return false;
13      }
14    }
15    </script>
16    </head>
17    <body>
18      <form action="loginBean.jsp" method="post" name="myform" onsubmit=
19  "return check()">
```

```
20      <table border="1" align="center" >
21        <th colspan="2" bgcolor="grey">用户登录</th>
22        <tr>
23          <td align="center">用户名: </td>
24          <td><input type="text" name="username"/></td>
25        </tr>
26        <tr>
27          <td align="center">密码: </td>
28          <td><input type="password" name="password"/></td>
29        </tr>
30        <tr>
31          <td> </td>
32          <td><input type="submit" name="submit" value=" 提交 "/>
33             <input type="reset" name="reset" value=" 重置 "/>
34          </td>
35        </tr>
36      </table>
37    </form>
38   </body>
39 </html>
```

【程序说明】

第 4 ～ 15 行：使用 JavaScript 脚本定义 check() 函数，对用户名和密码是否为空进行验证。

第 18 行："method=post" 指定本页面表单提交方式为 post，"action=loginBean.jsp" 指定本页面提交至 loginBean.jsp 页面进行处理。

第 24、28 行：定义两个单行文本框，分别用户输入用户名和密码，name 值分别为 username 和 password，与 LoginBean 中的属性 username 和 password 一致，以便通过 HTTP 表单的参数值来设置 JavaBean 的响应属性的值。

【案例代码】loginBean.jsp 代码如下所示：

```
1  <%@ page language="java" import="java.util.*" pageEncoding="UTF-8"%>
2  <%@ page import="com.mybean.LoginBean" %>
3  <jsp:useBean id="login" scope="page" class="com.mybean.LoginBean">
4  <jsp:setProperty name="login" property="*" />
5  </jsp:useBean>
6  <%
7  boolean result = login.check();
8  if(result){
9  %>
10 <h2>欢迎 <%=login.getUsername() %>进入 Global 在线购物网站！</h2>
11 <%
12 }
13 if(!result){
```

```
14      %>
15      <h2>登录失败！单击 <a href="loginjsp.html"></a> 这里重新登录！</h2>
16      <%
17      }
18      %>
```

【程序说明】

第 2 行：使用 page 指令设置页面属性，导入 LoginBean 类。

第 3～5 行：使用 <jsp:useBean> 动作标记使用 LoginBean，指定其 id 为"login"，作用域为 page，即其作用域为当前页面。

第 4 行：使用 <jsp:setProperty> 动作标记设置 LoginBean 属性的值，使用 property="*" 实现 HTML 表单参数与 LoginBean 中属性的同名匹配，完成对 LoginBean 中属性的赋值。

第 7 行：调用 LoginBean 中的 check() 方法进行 username 和 password 属性的合法性验证。

第 8～12 行：表示如果验证通过（本案例用户名为 zhqr，密码为 123）显示欢迎信息。其中第 10 行使用 LoginBean 属性的 getUsername() 方法获取 username 属性的值并通过 JSP 表达式输出。

第 13～17 行：表示如果验证未通过，显示失败信息。

（3）启动 Tomcat 服务器，部署 ch7 项目，在浏览器地址栏中输入"http://localhost:8080/ch7/LoginBean.jsp"，检验程序运行结果。

【运行结果】程序运行结果如图 7-4 和图 7-5 所示。

图 7-4　验证通过结果界面

图 7-5　验证未通过界面

参照例 7-3 的开发步骤，可以对开发、使用 JavaBean 的一般步骤总结如下：

（1）编写实现特定功能的 JavaBean。

（2）在 JSP 文件中使用 <jsp:useBean> 标记声明并初始化 JavaBean，实现对 JavaBean 的调用。在 JSP 页面中，该 JavaBean 有一个唯一的 id 标识，还有一个作用域 scope，同时还要指定该 JavaBean 的 class 来源（如 com.mybean.LoginBean）。

（3）调用 JavaBean 提供的 public 方法或直接使用 <jsp:setProperty> 标记来设置 JavaBean 中的属性值；调用 JavaBean 提供的 public 方法或者直接使用 <jsp:getProperty> 标记来获取 JavaBean 中的属性值。

（4）调用 JavaBean 中的特定方法完成指定的功能（如进行用户登录验证等）。

在 JSP 中调用 JavaBean 最关键的是对 <jsp:setProperty> 的使用。<jsp:setProperty> 的用法有多种形式，分别适用于不同场合。

（5）使用 <jsp:setProperty name="login" property="*" />。这种方法适合于 HTML 表单中元素的 name 属性值与 JavaBean 中的属性名一致的情况，参考语法格式如下：

```
<jsp:useBean id="login" scope="page" class="com.mybean.LoginBean">
<jsp:setProperty name="login" property="*" />
</jsp:useBean>
```

（6）使用 param 属性。这种方法适合于 HTML 表单中元素的 name 属性值与 JavaBean 中的属性名不一致的情况。例如，在例 7-3 中将 loginjsp.html 页面中的用户名文本框的"name"属性值设置为"name"，密码框"name"属性值设置为"pwd"，则不能使用第一种方法，但可以使用第二种方法。参考语法格式如下：

```
<jsp:useBean id="login" scope="page" class="com.mybean.LoginBean">
<jsp:setProperty name="login" property="username" param="name" />
<jsp:setProperty name="login" property="password" param="pwd" />
</jsp:useBean>
```

（7）使用 value 属性。这种方法适合于直接给指定的属性赋值，参考语法格式如下：

```
<jsp:useBean id="login" scope="page" class="com.mybean.LoginBean">
<jsp:setProperty name="login" property="username" value="zhqr" />
<jsp:setProperty name="login" property="password" value="123" />
</jsp:useBean>
```

可以对例 7-3 进一步改进，即通过数据库进行登录验证。此操作只需要将 LoginBean.java 文件中，check() 方法中的代码修改为如下所示的代码即可：

```
1   public boolean check(){
2     try{
3         Class.forName("com.microsoft.sqlserver.jdbc.SQLServerDriver");
4         String url="jdbc:sqlserver://localhost:1433;databaseName=eShop";
```

```
5          String operator="sa";
6          String password="sa123";
7          Connection con = DriverManager.getConnection(url,operator,password);
8          Statement stmt = con.createStatement();
9          String sql = "select * from users where username='"+username+"' and
10  password='"+password+"'";
11         ResultSet rs = stmt.executeQuery(sql);
12         if(rs.next()){
13         return true;
14         }
15         else{
16             return false;
17         }
18  }catch(Exception e){
19         return false;
20  }
21  }
```

7.3 知识准备——JavaBean 在 JSP 中的典型应用

在任务 6 中已经详细介绍了 JSP 中链接数据的多种方法，以及对数据库进行增加、删除、修改和查询的各种操作。在同一个项目中的许多功能模块中都需要进行数据库连接，对数据库内容进行各种操作，如全球电子商务网站中的用户注册、用户登录、商品信息展示等。如果每次都重复地编写数据库连接的代码，一是造成了代码冗余，二是如果数据库的基础信息发生变化（如数据库服务器名称变化），则需要进行大量代码的修改，增加了后期维护的工作量。因此，可以借助本单元所学的 JavaBean 技术将数据库的一些常用操作封装到 bean 中，需要用到这些功能的程序借助 JSP 中提供的 JavaBean 动作元素来实现对 bean 的调用。

实战演练 7-4　使用 JavaBean 封装数据库操作

【学习目标】学习通过 JavaBean 将数据库访问操作进行封装。

【知识要点】封装通过数据库访问操作的 JavaBean 的编写。

【完成步骤】

打开 ch7 项目，在 ch7 项目的 com.mybean 目录中新建并编写数据库访问操作的 JavaBean 文件 DBConn.java。

```
1   package com.mybean;
2   import java.sql.*;
```

```
3      //连接数据库的bean类
4      public class DBConn {
5          public static Connection con= null;
6          public static Statement stmt = null;
7          public static ResultSet rs = null;
8          public static Connection getCon(String database,String operator,String
9      password) throws ClassNotFoundException,SQLException{
10             Class.forName("com.microsoft.sqlserver.jdbc.SQLServerDriver");
11            String url="jdbc:sqlserver://localhost:1433;databaseName="+database+"";
12             con = DriverManager.getConnection(url,operator,password);
13             return con;
14         }
15         public static ResultSet exec_query(String sql) throws Exception{
16             stmt = con.createStatement();
17             rs = stmt.executeQuery(sql);
18             return rs;
19         }
20         public static int exec_update(String sql) throws Exception{
21             stmt = con.createStatement();
22             int i = stmt.executeUpdate(sql);
23             return i;
24         }
25         public void closeCon(){
26             try {
27                 rs.close();
28                 stmt.close();
29                 con.close();
30             } catch (SQLException e) {
31                 // TODO Auto-generated catch block
32                 e.printStackTrace();
33             }
34         }
35     }
```

【程序说明】

第1行：表示DBConn.java保存在com.mybean这个包中。

第2行：表示导入java.sql包中所有类。

第5～7行：初始化连接对象、命令对象和结果集对象。

第8～14行：定义数据库连接方法，getCon()打开数据库连接并返回连接对象。方法通过参数接收将要连接的数据库名、数据库操作员及操作员密码。

第10～12行：设置连接属性为JDBC驱动方式。

第15～19行：定义exec_query()方法，根据指定的SELECT语句执行数据库查询并返回结果集。

第 20 ～ 24 行：定义 exec_update() 方法，根据指定的 INSERT、UPDATE、DELETE 语句执行数据库的更新操作，并返回更新操作所影响的行数。

第 25 ～ 34 行：定义 closeCon() 方法，关闭数据库连接。

课外拓展

【拓展 1】编写一个计算圆的周长和面积的 JavaBean，同时编写一个调用该 JavaBean 的 JSP 程序，实现对指定半径的圆的周长和面积的输出。

【拓展 2】编写一个猜数字游戏。随机给用户一个 1~100 之间的整数，然后用户使用页面表单输入自己的猜测，使用一个 bean 来处理用户的猜测，该 bean 负责判断用户的猜测是否正确。

【拓展 3】编写一个日历。JSP 页面通过表单选择年、月和日，然后调用 bean，bean 根据 JSP 页面选择的年月日，通过表格的形式显示"日历"。

课后练习

选择题

1. 下面（　　）是正确使用 JavaBean 的方式。

    A. <jsp:useBean id= "ddress" eclass "tom. AddressBean" scope="page"/>

    B. <jsp:useBean name ="address" class="tom. AddressBean" scope="page"/>

    C. <jsp:useBean bean= "address" class= "tom. AddressBean" scope= "page" />

    D. <jsp:useBean beanName = "address" class = "AddressBean" scope= " page" />

2. JavaBean 中声明的方法的访问属性必须是（　　）。

    A. Private   B. public

    C. protected   D. friendly

3. 在 JSP 中调用 JavaBean 时不会用到的标记是（　　）。

    A. <javabean>   B. <jsp:useBean>

    C. <jsp:setProperty>   D. <jsp:getProperty>

4. JavaBean 的作用域可以是（　　）、page、pagesession 和 application。

    A. Request   B. response

    C. out   D. 以上都不对

5. 在 test.jsp 文件中有如下一行代码：

```
<jsp:useBean class="tom.jiafei.Test" id="user" scope="     " />
```

要使 user 对象一直存在于会话中，直至终止或被删除为止，下画线中应填入（   ）。

    A. Page   B. request

    C. session   D. application

6. 关于 JavaBean 正确的说法是（   ）。

    A. 类中声明的方法的访向权限必须是 public

    B. 在 JSP 文件中引用 bean，其实就是用 <jsp:useBean> 语句

    C. bean 文件放在任何目录下都可以被引用

    D. 以上均不对

7. 写一个 bean 时，与布尔逻辑类型的成员变量 XXX 对应的方法是（   ）。

    A. getXXX()   B. setXXX()

    C. XXX()   D. isXXX()

8. 在 J2EE 中，test.jsp 文件中有如下一行代码：

```
<jsp:useBean id=" user" scope="__"type=" com. UserBean" />
```

要使 user 对象在用户对其发出请求时存在，下画线中应填入（   ）。

    A. Page   B. request

    C. session   D. application

9. 在 JSP 中，使用 <jsp: useBean> 动作可以将 javaBean 引入 JSP 页面，对 JavaBean 的访问范围不能是（   ）。

    A. Page   B. request

    C. response   D. application

10. 下面语句与 <jsp:getProperty name="aBean" property= "jsp"/> 等价的是（   ）。

    A. <%=jsp()%>

    B. <%out. print(aBean. getJsp(); %>

    C. <% = aBean. setJsp()%>

    D. <% aBean. setJsp(); %>

11. 在 JSP 中，以下是有关 jsp:setProperty 和 jsp: getProperty 标记的描述，正确的是(   )。

    A. <jsp:setProperty> 和 <jsp:getProperty> 标记都必须在 <jsp:useBean> 的开始标记和结束标记之间

    B. 这两个标记的 name 属性的值必须和 <jsp: useBean> 动作标记的 id 属性的值相对应

    C. 这两个标记的 name 属性的值可以和 <jsp:useBean> 动作标记的 id 属性的值 不同

    D. 以上均不对

12. test.jsp 文件如下：

```
<body>
<jsp:useBean id="buffer" scope="page" class="java.lang.stringBuffer"/>
<%buffer.append ("ABC");%>
    buffer is <%=buffer%>
< /body>
```

试图运行 test.jsp 时，将发生（　　）。

  A. 编译期间发生错误

  B. 运行期间抛出异常

  C. 运行后，浏览器上显示：buffer is null

  D. 运行后，浏览器上显示：buffer is ABC

13. 在 JSP 中使用 <jsp:getProperty> 标记时，不会出现的属性是（　　）。

  A. name   B. property   C. value   D. 以上皆不会出现

任务 8

Servlet 和 MVC

学习目标

1. 了解 Servlet 基础知识。
2. 理解 Servlet 声明周期与工作原理。
3. 掌握页面重定向与转发的方法。
4. 了解 MVC 开发模式。
5. 掌握 JSP+Servlet+JavaBean 的分层开发方法。

8.1 知识准备——Servlet 技术

8.1.1 Servlet 概述

Servlet 是用 Java 编写的服务器端程序，它与协议和平台无关，其主要功能在于交互式地浏览和修改数据，生成动态 Web 内容。Servlet 运行于请求 - 响应模式的 Web 服务器中，在来自 Web 浏览器或其他 HTTP 客户端的请求与 HTTP 服务器上的数据库或应用程序之间起一个中间层的作用。

Servlet 由 javax.servlet 和 javax.servlet.http 两个 Java 包组成。在 Javax.servlet 包中定义了所有的 Servlet 类都必须实现或扩展的通用接口和类，而 javax.servlet.http 包中则定义了采用 HTTP 通信的 HTTPServlet 类。Servlet 由 Web 服务器进行加载，并对其生命周期进行管理，该 Web 服务器必须包含支持 Servlet 的 Java 虚拟机。

Servlet 是一个 Java 类，与 Applet 相对应，Applet 是运行在客户端浏览器上的 Java 程序，而 Servlet 是运行在服务器端的 Java 程序。要运行 Servlet，需要在服务器的 Web.xml 文件中进行配置。

Java 语言能够实现的功能，Servlet 基本都能实现（除图形用户界面外）。但 Servlet 通常只用来扩展 Web 服务器的性能，即采用请求 - 响应模式，交互式地浏览和修改数据，生成动态 Web 内容，以多线程的方式处理客户端请求。具体过程如下：

（1）客户端发送请求至服务器。

（2）服务器将请求信息发送至 Servlet。

（3）Servlet 生成响应内容并将其传给服务器。响应内容动态生成，通常取决于客户端的请求。

（4）服务器将响应返回给客户端。

Servlet 的主要特点如下：

（1）高效：在服务器上只有一个 Java 虚拟机运行，但 Servlet 能以多线程的方式处理来自多个客户端的请求。

（2）跨平台：Servlet 可以在不同的操作系统平台和不同的应用服务器平台上运行。

（3）功能强大，可扩展，使用方便。

（4）安全性高。

8.1.2　Servlet 生命周期

一个 Servlet 的生命周期由部署 Servlet 的容器（即 Web 服务器）来控制，Web 服务器负责 Servlet 的整个生命周期，即加载、实例化、初始化、处理请求和销毁，如图 8-1 所示。要完成这几个阶段，需要用到以下三个方法：

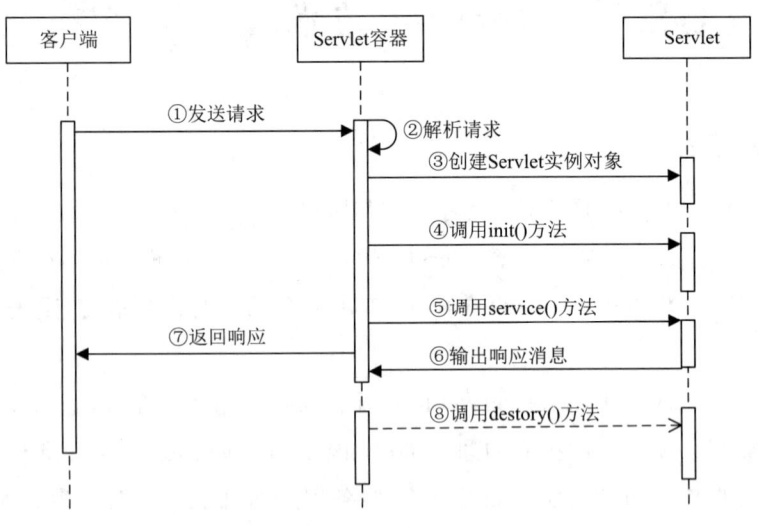

图 8-1　Servlet 生命周期

（1）init() 方法：负责 Servlet 的初始化工作，由 Servlet 容器调用完成。对于一个 Servlet 只可以被调用一次。

（2）service() 方法：负责处理客户端请求，并返回响应结果。该方法有两个参数，分别用来接收由 Servlet 容器创建的 ServletRequest 和 ServletResponse 对象。Service() 方法会根据 HTTP 请求类型，调用相应的 doGet() 或 doPost() 方法。该方法可以被调用多次。

（3）destroy() 方法：在 Servlet 容器卸载 Servlet 之前被调用，负责释放系统资源。

当客户端请求映射到一个 Servlet 时，Web 容器通过读取项目发布目录的 \WEB-INF 下 web.xml 文件创建并运行 Servlet 对象。具体过程如下：

（1）加载并初始化 Servlet。

如果一个 Servlet 的实例并不存在，Web 容器会定位并加载 Servlet 类，然后创建一个 Servlet 类的实例。Servlet 被实例化以后，容器会调用 init() 方法对 Servlet 实例进行初始化，并传递实现 ServletConfig 接口的对象，以便访问配置文件 web.xml 中的初始化参数。

（2）处理客户端请求。

在 Servlet 初始化之后，就可以接收客户端请求，处于相应请求的"就绪"状态。当客户端发出请求时容器会首先创建一个请求对象和一个响应对象，然后调用 service() 方法，并把请求和响应对象作为参数传递，从而把请求委托给 Servlet。Servlet 首先判断该请求是 GET 还是 POST，然后调用对应的 doGet() 或 doPost() 方法。doGet() 和 doPost() 方法都能接收请求（HttpServletRequest）和响应（HttpServletResponse）。对每个请求都执行 servive() 方法，可被多次调用，启动新的线程，彼此互不干扰。

（3）销毁 Servlet。

如果容器不再需要这个 Servlet 实例，可以通过调用 destroy() 方法来实现。在 destroy() 方法调用之后，容器会释放 Servlet 实例。如果再次需要这个 Servlet 处理请求，容器会创建一个新的 Servlet 实例。

由 Servlet 的声明周期可以看出，Servlet 在扩展服务器能力时，是采用请求 - 响应模式来提供 Web 服务的。当客户端向服务器发送一个请求时，服务器将请求信息发送至 Servlet，Servlet 根据客户端的请求，动态生成响应内容并传给服务器，再由服务器响应返回给客户端。

实战演练 8-1　第一个 Servlet

【学习目标】认识 Servlet，了解 Servlet 的生命周期。

【知识要点】init()、service()、destroy() 方法。

【完成步骤】

（1）创建一个名为"ch8"的 Web 项目，依次单击"File"→"New"→"Web Project"菜单项，在"Project Name"文本框中输入项目名称"ch8"，单击"Finish"按钮，完成创建。

（2）在项目"ch8"的 src 目录中创建一个包"com.myservlet"。右击"src"→"New"→"Package"命令，在"Name"文本框中输入包名"com.myservlet"，单击"Finish"按钮，完成 Servlet 包的创建。

（3）创建一个 Servlet，命名为"FirstServlet.java"，右击"com.myservlet"→"New"→"Servlet"命令，在"Name"文本框中输入包名"FirstServlet"，如图 8-2 所示。其中 Superclass 文本框中的信息表示该 servlet 继承了 HttpServlet 类，在"Which method stubs would you like to create?"复选框中选择图 8-2 所示的选项，其中包括了 init() 方法，service 中的 doGet()、 doPost() 方法，destroy() 方法。

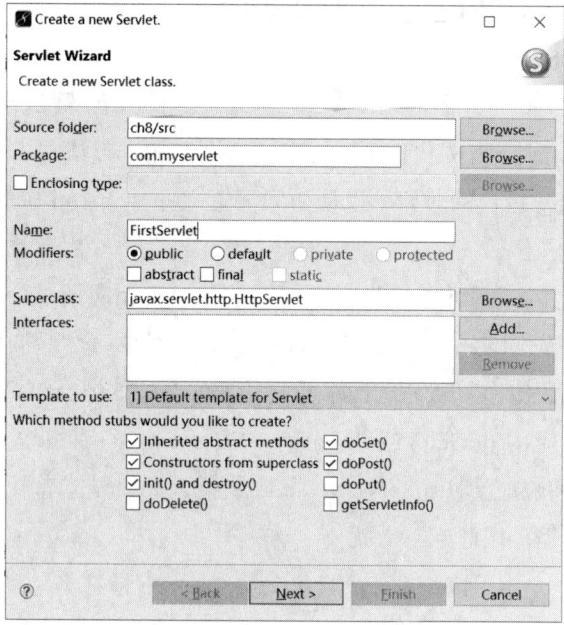

图 8-2　创建 Servlet 界面一

（4）单击"Next"按钮，出现图 8-3 所示对话框，该界面中的信息表示对 web.xml 文件所做的相关设置。其中"Servlet/JSP Name"与第（3）步中创建的 servlet 名字保持一致，"Servlet/JSP Mapping URL"表示 Servelt 的访问路径，默认设置为"/servlet/FirstServlet"，为了简化访问路径，将访问路径修改为"/FirstServlet"，单击"Finish"按钮，完成 Servlet 的创建。

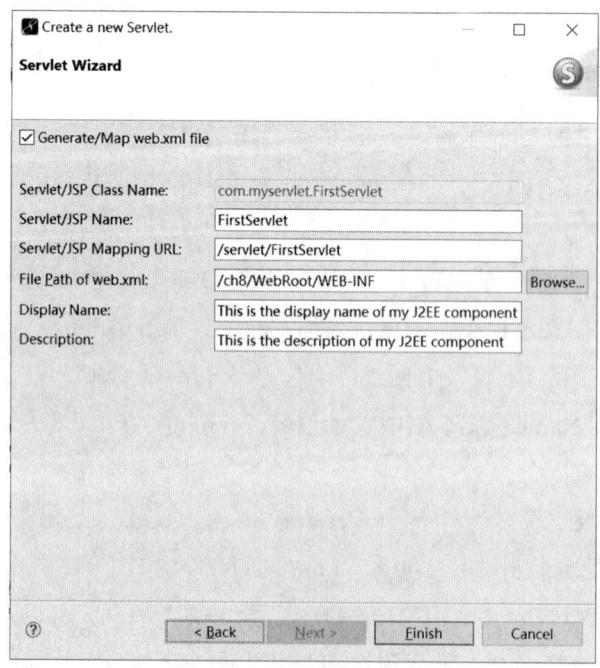

图 8-3　创建 Servlet 界面二

（5）打开"FirstServlet.java"和"web.xml"文件。"web.xml"文件代码如下所示：

```
1   <?xml version="1.0" encoding="UTF-8"?>
2   <web-app version="3.0"
3       xmlns="http://java.sun.com/xml/ns/javaee"
4       xmlns:xsi="http://www.w3.org/2001/XMLSchema-instance"
5       xsi:schemaLocation="http://java.sun.com/xml/ns/javaee
6       http://java.sun.com/xml/ns/javaee/web-app_3_0.xsd">
7     <display-name></display-name>
8     <servlet>
9       <description>This is the description of my J2EE component</description>
10      <display-name>This is the display name of my J2EE component</display-
11  name>
12      <servlet-name>FirstServlet</servlet-name>
13      <servlet-class>com.myservlet.FirstServlet</servlet-class>
14    </servlet>
15
16    <servlet-mapping>
17      <servlet-name>FirstServlet</servlet-name>
18      <url-pattern>/FirstServlet</url-pattern>
19    </servlet-mapping>
20    <welcome-file-list>
21      <welcome-file>index.jsp</welcome-file>
22    </welcome-file-list>
23  </web-app>
```

【程序说明】

第 8 ~ 14 行和第 16 ~ 19 行：表示 Firstservlet.java 程序的映射关系。

第 13 行：Servlet 类在 Web 目录中保存的路径，可以通过这个路径找到该 Servlet 类的源代码。

第 12 行：给该类起的别名，默认别名与类名同名。

第 18 行：通过映射描述的该 Servlet 类的 URL 地址，在浏览器中将通过此路径来访问该 Servlet 类。

（6）编写 FirstServlet.java 的代码。

【案例代码】 FirstServlet.java 的代码如下所示：

```
1   package com.myservlet;
2   import java.io.IOException;
3   import java.io.PrintWriter;
4   import javax.servlet.ServletException;
5   import javax.servlet.http.HttpServlet;
6   import javax.servlet.http.HttpServletRequest;
7   import javax.servlet.http.HttpServletResponse;
```

```
8   public class FirstServlet extends HttpServlet {
9       public FirstServlet() {
10          super();
11      }
12  public void init() throws ServletException {
13          // Put your code here
14      }
15  public void doGet(HttpServletRequest request, HttpServletResponse response)
16              throws ServletException, IOException {
17          response.setContentType("text/html");        // 设置响应方式
18          PrintWriter out = response.getWriter();      // 获取输出对象
19          out.println("<!DOCTYPE HTML PUBLIC \"-//W3C//DTD HTML 4.01
20  Transitional//EN\">");
21          out.println("<HTML>");
22          out.println("  <HEAD><TITLE>A Servlet</TITLE></HEAD>");
23          out.println("  <BODY>");
24          out.print("<h2>This is my fist Servlet!</h2>");
25          out.println("  </BODY>");
26          out.println("</HTML>");
27          out.flush();
28          out.close();                                 // 关闭输出对象
29      }
30  public void doPost(HttpServletRequest request, HttpServletResponse response)
31              throws ServletException, IOException {
32          response.setContentType("text/html");
33          PrintWriter out = response.getWriter();
34          out.println("<!DOCTYPE HTML PUBLIC \"-//W3C//DTD HTML 4.01
35  Transitional//EN\">");
36          out.println("<HTML>");
37          out.println("  <HEAD><TITLE>A Servlet</TITLE></HEAD>");
38          out.println("  <BODY>");
39          out.print("    This is ");
40          out.print(this.getClass());
41          out.println(", using the POST method");
42          out.println("  </BODY>");
43          out.println("</HTML>");
44          out.flush();
45          out.close();
46      }
47  public void destroy() {
48          super.destroy(); // Just puts "destroy" string in log
49          // Put your code here
50      }
51      }
```

【程序说明】

第 8～51 行：Servlet 类的主体部分，该类继承了 HttpServlet 类。

第 9～11 行：类的构造方法。

第 12～14 行：init() 方法。

第 15～29 行：doGet() 方法。

第 30～46 行：doPost() 方法，Servlet 默认选择调用 doGet() 方法执行，在 doGet() 方法中首先设置页面的响应方式，接着获取 PrintWrite 对象，然后通过获取的 Print Write 对象的 println() 方法将若干 HTML 标记发送到响应的页面。

第 47～50 行：destroy() 方法。

（7）启动 Tomcat 服务器，部署 ch8 项目，在浏览器地址栏中输入 "http://localhost:8080/ch8/FirstServlet"，检验程序是否能正确运行。

【程序运行界面】正确运行的结果如图 8-4 所示。

图 8-4　FirstServlet 程序的运行结果

8.1.3　Servlet 常用类和接口

Servlet API 提供了 javax.servlet 和 javax.servlet.http 两个包，它们为编写 Servlet 提供接口和类。

（1）javax.servlet 包。

javax.servlet 包定义了与 HTTP 无关的类和接口，主要包括九个，如表 8-1 所示。

表 8-1　javax.servlet 包中的类和接口

类或接口	描　　述
Servlet 接口	所有 Java Servlet 的基础接口，所有的 Servlet 都必须直接或间接地实现 Servlet 接口，该接口定义了 Servlet 的生命周期方法
ServletConfig 接口	用于在 Servlet 初始化时向其传递信息

续表

类或接口	描述
ServletContext 接口	用于 Servlet 与其运行的环境进行通信
ServletRequest 接口	用于向 Servlet 容器传递客户请求信息
ServletResponse 接口	用于向 Servlet 客户端发送响应
RequestDispatcher 接口	用于封装一个特定的 URL 定义的服务器资源,它可以把一个请求转发到另一个 Servlet
GenericServlet 类	抽象类,实现了 Servlet 接口,用于定义一个通用的、与协议无关的 Servlet
ServletInputStream 类	用于从 Servlet 中读取客户请求的二进制数据
ServletOutputStream 类	用于由 Servlet 向客户发送二进制数据

（2）javax.servlet.http 包。

javax.servlet.http 包是 javax.servlet 包的扩展,定义与 IITTP 相关的类和接口,该包中的部分类和接口继承 javax.servlet 包中的部分类和接口,主要包括四个,如表 8-2 所示。

表 8-2　javax.servlet.http 包中的类和接口

类或接口	描述
HttpServlet 类	抽象类,继承自 GenericServlet,是针对使用 HTTP 的 Web 服务器的 Servlet 类,提供 Servlet 接口的 HTTP 特定实现
HttpServletRequest 接口	实现 ServletRequest 接口,为 HttpServlet 提供请求信息
HttpServletResponse 接口	实现 ServletResponse 接口,为 HttpServlet 提供响应信息
HttpSession 接口	为维护 HTTP 用户的会话提供支持

实战演练 8-2　使用 Servlet 技术获取用户名和密码

【学习目标】应用 Servlet 获取指定 HTML 表单数据。

【知识要点】HTML 页面中设计表单元素;Servlet 获取表单元素信息;Servlet 输出读取信息。

【完成步骤】

（1）在项目"ch8"中创建一个名为"Sample8-1.jsp"的 JSP 页面,页面代码如下：

```
1  <%@ page language="java" import="java.util.*" pageEncoding="UTF-8"%>
2  <html>
3    <head>
4    <title>My JSP 'Sample8-1.jsp' starting page</title>
5    </head>
6    <body>
7      <form action="ShowInfoServlet" method="post">
8        UserName: <input type="text" name="username"/>
9        <br>
```

```
10          Password: <input type="password" name="password"/>
11      <br>
12      <input type="submit" name="submit" value="提交"/>
13      </form>
14  </body>
15 </html>
```

【程序说明】

第 6～14 行是一个表单，注意表单的提交方式为 Post，此方式决定了在 Servlet 中将调用 doPost() 方法实现业务逻辑功能，action 的跳转地址为第（3）步中 "web.xml" 文件里 "<url-pattern>" 中设置的值。

第 8 行是一个用户名文本框，文本框的 name 属性值为 username。

第 10 行是一个密码框，密码框的 name 属性值为 password。

（2）在项目 ch8 的 "com.myservlet" 包中创建一个 Servlet，命名为 "ShowInfoServlet.java"，单击 "Next" 按钮，修改 Servlet/JSP Mapping URL 路径为 "/ShowInfoServlet"，如图 8-5 所示，单击 "Finish" 按钮，完成 Servlet 的创建。

图 8-5　创建 ShowInfoServlet

（3）打开 "web.xml" 文件。"web.xml" 文件中增加关于 ShowInfoServlet 的映射代码，代码如下所示：

```xml
1   <servlet>
2       <description>This is the description of my J2EE component</description>
3       <display-name>This is the display name of my J2EE component</display-
4   name>
5       <servlet-name>ShowInfoServlet</servlet-name>
6       <servlet-class>com.myservlet.ShowInfoServlet</servlet-class>
7   </servlet>
8   <servlet-mapping>
9       <servlet-name>ShowInfoServlet</servlet-name>
10      <url-pattern>/ShowInfoServlet</url-pattern>
11  </servlet-mapping>
```

（4）编写ShowInfoServlet.java的代码，修改doGet()和doPost()方法。

【案例代码】ShowInfoServlet.java的代码如下所示：

```java
1   package com.myservlet;
2   import java.io.IOException;
3   import java.io.PrintWriter;
4   import javax.servlet.ServletException;
5   import javax.servlet.http.HttpServlet;
6   import javax.servlet.http.HttpServletRequest;
7   import javax.servlet.http.HttpServletResponse;
8
9   public class ShowInfoServlet extends HttpServlet {
10      public FirstServlet() {
11          super();
12      }
13  public void init() throws ServletException {
14          // Put your code here
15      }
16  public void doGet(HttpServletRequest request, HttpServletResponse response)
17          throws ServletException, IOException {
18          doPost(request,response);
19      }
20  public void doPost(HttpServletRequest request, HttpServletResponse response)
21          throws ServletException, IOException {
22          //获取请求表单文本框中用户输入的信息
23          String username = request.getParameter("username");
24          String password = request.getParameter("password");
25          response.setContentType("text/html");
26          PrintWriter out = response.getWriter();
27          out.println("<!DOCTYPE HTML PUBLIC \"-//W3C//DTD HTML 4.01
28  Transitional//EN\">");
29          out.println("<HTML>");
30          out.println("  <HEAD><TITLE>A Servlet</TITLE></HEAD>");
31          out.println("  <BODY>");
32          out.print("    UserName:   "+username);
```

```
33          out.println("<br>");
34          out.println("Password: "+password);
35          out.println("</HTML>");
36          out.flush();
37          out.close();
38      }
39  public void destroy() {
40          super.destroy(); // Just puts "destroy" string in log
41          // Put your code here
42      }
43  }
```

【程序说明】

第 16～19 行：doGet() 方法。将 doGet() 方法主体部分修改为调用 doPost() 方法。

第 20～38 行：doPost() 方法。首先通过 Request 的 getParameter() 方法获取请求表单文本框中用户输入的信息，接着通过获取的 PrintWrite 对象的 println() 方法将 Servlet 获取的用户名和密码信息发送到响应的页面。

（5）启动 Tomcat 服务器，部署 ch8 项目，在浏览器地址栏中输入 "http://localhost:8080/ch8/ShowInfoServlet"，检验程序是否能正确运行。

【程序运行界面】正确运行的结果如图 8-6 所示。

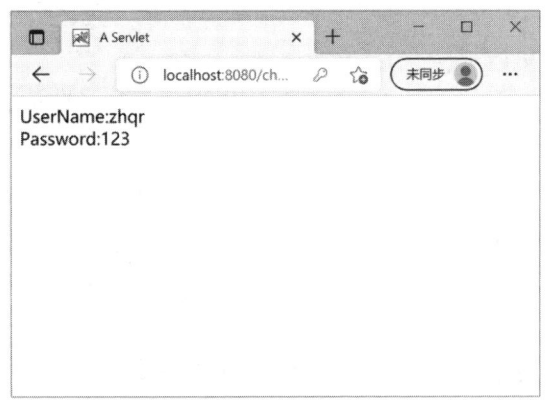

图 8-6　ShowInfoServlet 运行结果

8.1.4　重定向与转发

重定向是将用户从当前 JSP 页面或 Servlet 定向到另一个 JSP 页面或 Servlet，以前的 request 中存放的信息全部失效，并进入一个新的 request 作用域；转发是将用户对当前 JSP 页面或 Servlet 的请求转发给另一个 JSP 页面或 Servlet，以前的 request 中存放的信息不会失效。

（1）重定向。

在 Servlet 中，通过调用 HttpServletResponse 类中的方法 sendRedirect(String location) 来实现重定向，重定向的目标页面或 Servlet（由参数 location 指定），无法从以前的 request 对象

中获取用户提交的数据。

重定向的语法格式为：

```
response.sendRedirect();
```

（2）转发。

javax.servelt.RequestDispatcher 对象可以将用户对当前 JSP 页面或 Servlet 的请求转发给另一个 JSP 页面或 Servlet。实现转发需要以下两个步骤：

① 获得 RequestDispatcher 对象。

② RequestDispatcher 对象调用 forward() 方法实现转发。

转发的语法格式为：

```
request.getRequestDispatcher(URL).forward(request, response);
```

重定向是客户端行为，转发是服务器行为。具体工作流程如下：

① 重定向过程：客户浏览器发送 http 请求→Web 服务器接受后发送 302 状态码响应及对应新的 location 给客户浏览器→客户浏览器发现是 302 响应，则自动再发送一个新的 http 请求，请求 URL 是新的 location 地址→服务器根据此请求寻找资源并发送给客户。在这里 location 可以重定向到任意 URL，既然是浏览器重新发出了请求，则就没有什么 request 传递的概念了。在客户浏览器路径栏显示的是其重定向的路径，客户可以观察到地址的变化。重定向行为是浏览器做了至少两次的访问请求。

② 转发过程：客户浏览器发送 http 请求→Web 服务器接受此请求→调用内部的一个方法在容器内部完成请求处理和转发动作→将目标资源发送给客户；在这里，转发的路径必须是同一个 Web 容器下的 URL，其不能转向到其他的 Web 路径上去，中间传递的是自己的容器内的 request。在客户浏览器路径栏显示的仍然是其第一次访问的路径，也就是说客户是感觉不到服务器做了转发的。转发行为是浏览器只做了一次访问请求。

实战演练 8-3　使用页面跳转技术实现小型计算器

【学习目标】掌握页面跳转的两种方法：重定向和转发。

【知识要点】重定向的方法和转发的方法。

【完成步骤】

（1）在项目"ch8"中创建一个名为"inputNumber.jsp"的 JSP 页面，页面代码如下：

```
1   <%@ page language="java" import="java.util.*" pageEncoding="UTF-8"%>
2   <html>
3     <head>
4       <title>My JSP 'inputNumber.jsp' starting page</title>
5     </head>
6     <body>
```

```
7         <form action="CalcServlet" method="post">
8         <p>输入运算数、选择运算符号: </p>
9         <input type="text" name="n" size=6/>
10        <select name="op">
11            <option>+</option>
12            <option>-</option>
13            <option>*</option>
14            <option>/</option>
15        </select>
16        <input type="text" name="m" size=6/> <br>
17        <input type="submit" value="计算结果"/>
18        </form>
19    </body>
20 </html>
```

【程序说明】

第 7～20 行是一个表单，注意表单的提交方式为 Post，此方式决定了在 Servlet 中将调用 doPost() 方法实现业务逻辑功能。action 的跳转地址目前暂时无法确定。在完成第（2）、（3）步骤后可知，此 action 的跳转地址为 "web.xml" 文件里 "<url-pattern>" 中设置的值。

第 9 行和第 16 行是两个文本框，接收用户输入的两个数。

第 10～15 行是一个下拉菜单选项，提供用户选择运算类型。

（2）在项目 ch8 的 "com.myservlet" 包中创建一个 Servlet，命名为 "CalcServlet.java"，单击 "Next" 按钮，修改 "Servlet/JSP Mapping URL" 路径为 "/CalcServlet"，如图 8-7 所示，单击 "Finish" 按钮，完成 Servlet 的创建。

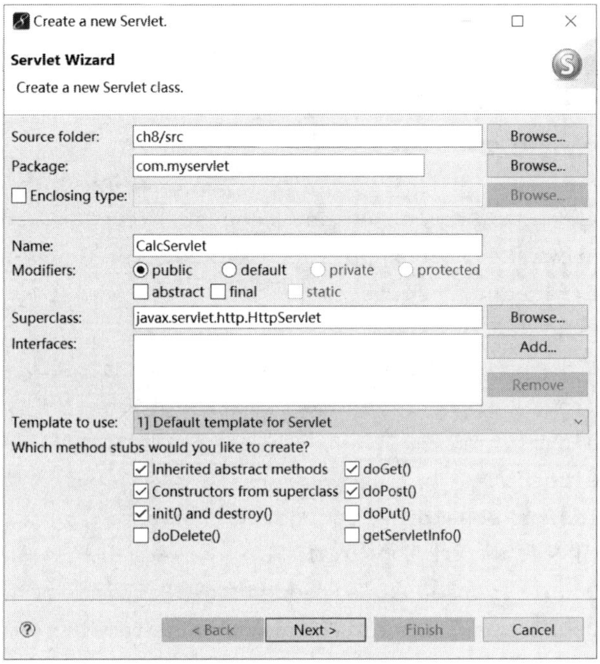

图 8-7 创建 CalcServlet

（3）打开"web.xml"文件。"web.xml"文件中增加关于CalcServlet的映射代码，代码如下所示：

```xml
1   <servlet>
2     <description>This is the description of my J2EE component</description>
3     <display-name>This is the display name of my J2EE component</display-name>
4     <servlet-name>CalcServlet</servlet-name>
5     <servlet-class>com.myservlet.CalcServlet</servlet-class>
6   </servlet>
7   <servlet-mapping>
8     <servlet-name>CalcServlet</servlet-name>
9     <url-pattern>/CalcServlet</url-pattern>
10  </servlet-mapping>
```

（4）编写CalcServlet.java的代码，修改doGet()和doPost()方法。

【案例代码】CalcServlet.java的代码如下所示：

```java
1   package com.myservlet;
2   import java.io.IOException;
3   import java.io.PrintWriter;
4   import javax.servlet.ServletException;
5   import javax.servlet.http.HttpServlet;
6   import javax.servlet.http.HttpServletRequest;
7   import javax.servlet.http.HttpServletResponse;
8   public class ShowInfoServlet extends HttpServlet {
9       public FirstServlet() {
10          super();
11      }
12  public void init() throws ServletException {
13          // Put your code here
14      }
15  public void doGet(HttpServletRequest request, HttpServletResponse response)
16          throws ServletException, IOException {
17          doPost(request,response);
18      }
19      public void doPost(HttpServletRequest request, HttpServletResponse response)
20          throws ServletException, IOException {
21          Double num1,num2;
22          Double result=0.0;
23          HttpSession session = request.getSession();
24          // 获取请求表单元素中用户输入的信息
25          num1=Double.parseDouble(request.getParameter("n"));
26          num2=Double.parseDouble(request.getParameter("m"));
27          String opeartor = request.getParameter("op");
```

```
28              if(opeartor.equals("+"))
29              {
30                  result = num1 + num2;
31              }
32              else if(opeartor.equals("-")){
33                  result = num1 - num2;
34              }
35              else if(opeartor.equals("*")){
36                  result = num1 * num2;
37              }
38              else if(opeartor.equals("/")){
39                  result = num1 / num2;
40              }
41              session.setAttribute("num1",num1);
42              session.setAttribute("op",opeartor);
43              session.setAttribute("num2", num2);
44              session.setAttribute("result", result);
45              request.getRequestDispatcher("result.jsp").forward(request, response);
46      }
47  public void destroy() {
48          super.destroy();  // Just puts "destroy" string in log
49          // Put your code here
50      }
51      }
```

【程序说明】

第 15 ~ 18 行是 doGet() 方法。将 doGet() 方法主体部分修改为调用 doPost() 方法。

第 19 ~ 46 行是 doPost() 方法。首先第 21 ~ 23 行定义变量，定义内置对象 session，作为页面跳转的内置对象传递参数信息；接着通过 Request 的 getParameter() 方法获取请求表单元素中用户输入两个数和运算符，通过判断运算符类型执行不同的计算；第 41 ~ 44 行将计算后的信息以"键值对"的形式保存至 session 对象中，最后通过转发的方式跳转至结果页面（result.jps）。

（5）在项目 "ch8" 中创建一个名为 "result.jsp" 的 JSP 页面，页面代码如下所示：

```
1   <%@ page language="java" import="java.util.*" pageEncoding="UTF-8"%>
2   <html>
3     <head>
4       <title>My JSP 'computer.jsp' starting page</title>
5     </head>
6     <body>
7       计算结果:   <%=session.getAttribute("num1") %>
8                  <%=session.getAttribute("op") %>
9                  <%=session.getAttribute("num2") %>
```

```
10                    =
11                    <%=session.getAttribute("result") %>
12      </body>
13  </html>
```

【程序说明】

第 7 ～ 11 行通过 session 对象获取参数,将计算中的两个数、运算符和计算结果显示在结果页面中。

(6)启动 Tomcat 服务器,部署 ch8 项目,在浏览器地址栏中输入"http://localhost:8080/ch8/inputNumber.jsp",检验程序是否能正确运行。

【程序运行界面】 正确运行的结果如图 8-8 所示。

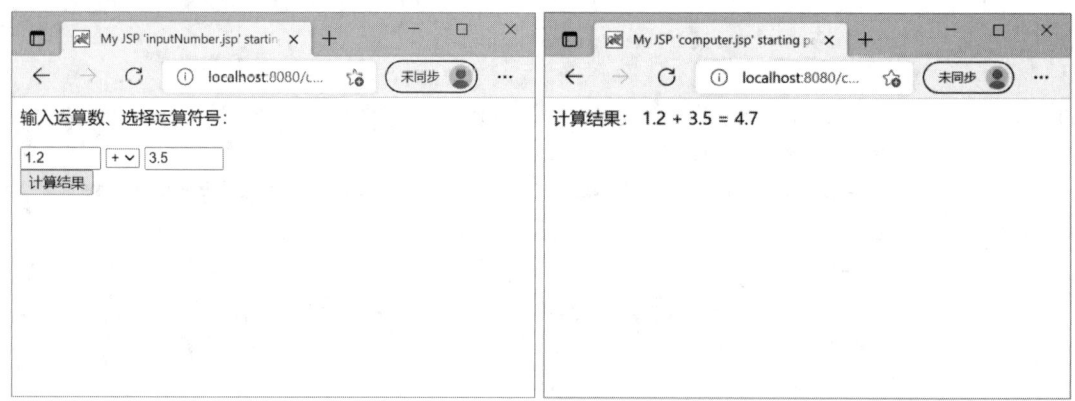

图 8-8 运行结果界面

8.2 知识准备——MVC 模式

8.2.1 MVC 模式简介

MVC 是 Model–View–Controller 的简称,即模型—视图—控制器。MVC 模式是软件工程中的一种软件架构模式。它强制性地将应用程序的输入、处理、输出流程按照模型、视图、控制器的方式进行分离,并被分成三层——模型层、视图层、控制层。图 8-9 显示这几个模块的功能以及它们之间的相互关系。

(1)视图。视图(view)代表用户交互界面。对 Web 应用来说,可以概括为 HTML 界面,但有可能为 XHTML、XML 和 Applet。视图向用户显示相关的数据,并能接收用户输入的数据,但是它并不进行任何实际的业务处理。视图可以向模型查询业务状态,但不能改变模型。视图还能接收模型发出的数据更新事件,从而对用户界面进行同步更新。

(2)模型。模型(model)用于封装与应用程序的业务逻辑相关的数据以及对数据的处理方法。"Model"有对数据直接访问的权力,如对数据库的访问。"Model"不依赖"View"和

"Controller",也就是说模型不关心它会被如何显示或是如何被操作。但是模型中数据的变化一般会通过一种刷新机制被公布,为了实现这种机制,那些用于监视此模型的视图必须事先在此模型上注册,因此视图可以了解在数据模型上发生的改变。一个模型能为多个视图提供数据。由于同一个模型可以被多个视图重用,所以提高了可重用性。业务模型的设计可以说是 MVC 最主要的核心。

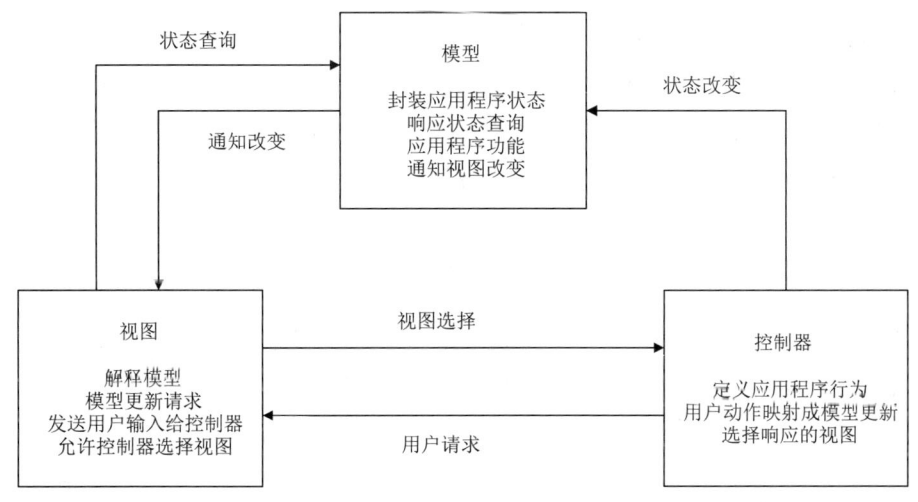

图 8-9　MVC 设计模式

(3)控制器。控制器(controller)可以理解为从用户接收请求,将模型与视图匹配在一起,共同完成用户的请求。控制层起到不同层面间的组织作用,用于控制应用程序的流程,它处理事件并作出响应。例如,用户单击一个链接,控制层接收请求后,并不处理业务信息,而只将用户的信息传递给模型,告诉模型做什么,选择符合要求的视图返回给用户。因此,一个模型可能对应多个视图,一个视图也可能对应多个模型。

8.2.2　MVC 优点

MVC 模式的目的是实现一种动态的程序设计,简化后续对程序的修改和扩展,并且使程序某一部分的重复利用成为可能。除此之外,MVC 模式通过对复杂度的简化,使程序的结构更加直观。MVC 模型具有以下优点:

(1)可以为一个模型在运行时同时建立和使用多个视图。变化-传播机制可以确保所有相关的视图及时得到模型数据变化,从而使所有关联的视图和控制器做到行为同步。

(2)视图与控制器的可接插性,允许更换视图和控制器对象,而且可以根据需求动态的打开或关闭,甚至在运行期间进行对象替换。

(3)模型的可移植性。因为模型是独立于视图的,所以可以把一个模型独立地移植到新的平台工作。需要做的只是在新平台上对视图和控制器进行新的修改。

(4)潜在的框架结构。可以基于此模型建立应用程序框架,不仅仅是用在设计界面的设计中。

8.2.3 MVC 与 Servlet

JSP + Servlet + JavaBean 是 MVC 开发模式的简单应用，具体实现如下：

（1）模型层：一个或多个 JavaBean 对象，用于存储数据（实体模型，由 JavaBean 类创建）和处理业务逻辑（业务模型，由一般的 Java 类创建）。

（2）视图层：一个或多个 JSP 页面，向控制器提交数据和为模型提供数据显示，JSP 页面主要使用 HTML 标记和 JavaBean 标记来显示数据。

（3）控制器：一个或多个 Servlet 对象，根据视图跳转的请求进行控制，即将请求转发给处理业务逻辑的 JavaBean，并将处理结果存放到实体模型 JavaBean 中，输出给视图显示。

基于 Servlet 的 MVC 模式的流程如图 8-10 所示。

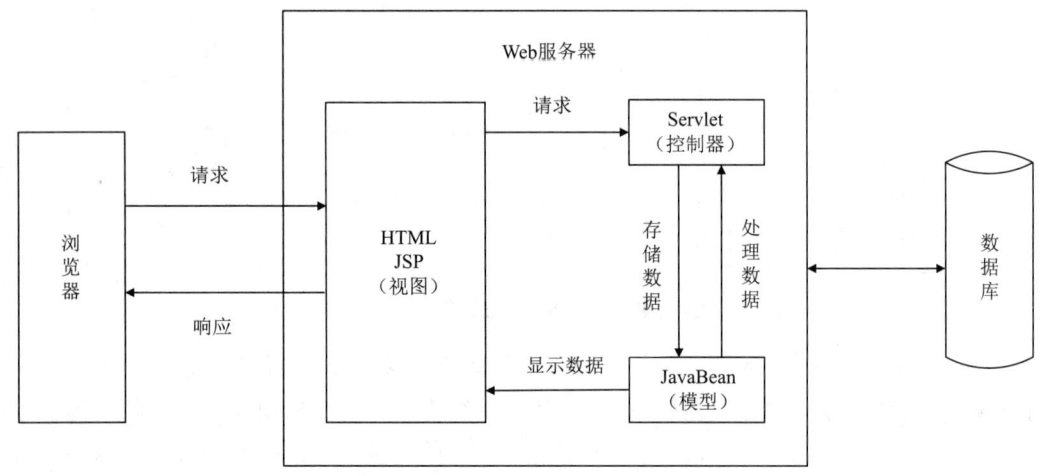

图 8-10 JSP 中的 MVC 模式

基于 MVC 模式的分层开发思想是将 MVC 模式中不同的模块内容分开，可以方便软件开发人员分工协作，提高开发效率，实现了软件开发的高内聚低耦合，如图 8-11 所示。

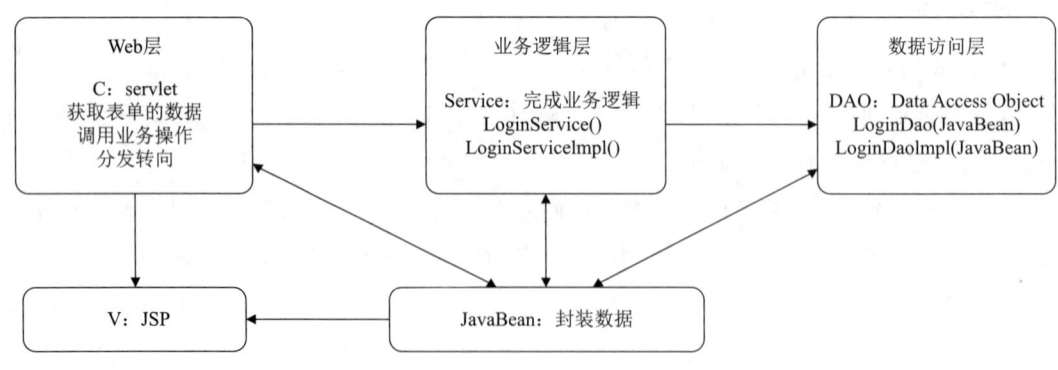

图 8-11 MVC 分层开发思想

实际开发中，对于不同的层，分别采用不同的包名。模型层实体类采用 bean 或 domain；Web 层采用 servlet、action、controller；业务逻辑层接口采用 service；逻辑层接口实现采用 service.impl；数据访问接口采用 dao；数据访问的实现采用 dao.impl，通过查看这些包名就能够知谐该包下存放着哪些内容。

实战演练 8-4　应用 MVC 模式实现登录功能

【学习目标】学习 JavaBean、JDBC、JSP 技术、三种技术的结合使用。

【知识要点】JavaBean 的编写与使用、JDBC 的编写与使用、JSP 技术的使用。

【完成步骤】

（1）参照 6.2 实战演练 6-2 中创建的数据库 student，在 student 数据库中新建数据表 admin，表结构中包含三个字段，分别为：

- id（整型，主键，自增长标识列）
- name（nvarchar 类型，用来保存管理员用户名）
- password（nvarchar 类型，用来保存管理员登录密码）
- telephone（nvarchar 类型，用来保存管理员的联系电话）

打开数据表 admin，使用 insert 语句插入一条记录：

```
insert into admin values('admin','123','13512345678')
```

（2）打开项目 ch8，在 src 目录下创建三个包：

- com.bean：用来存储模型构成的实体类，这里用来存储 JavaBean 类。
- com.dao：用来存储数据库操作文件。
- com.servlet：用来存储业务逻辑层的类，这里用来存储 Servlet 文件。

（3）在 "com.bean" 的包中创建一个 JavaBean 文件 Admin.java。Admin.java 为一个实体 Bean 文件，在编码过程中参照数据库 admin 表中的三个字段，创建三个成员属性 name、pwd 和 tel，分别对应 admin 表中的 name、password 和 telephone 三个字段，并且编写成员属性对应的 setXxx() 和 getXxx() 方法。

【案例代码】Admin.java 代码如下所示：

```
1   package com.mybean;
2   public class Admin {
3       private String name=null;
4       private String pwd=null;
5       private String tel=null;
6       public Admin(){}
7       public String getName() {
8           return name;
9       }
10      public void setName(String name) {
11          this.name = name;
12      }
13      public String getPwd() {
```

```
14            return pwd;
15        }
16        public void setPwd(String pwd) {
17            this.pwd = pwd;
18        }
19        public String getTel() {
20            return tel;
21        }
22        public void setTel(String tel) {
23            this.tel = tel;
24        }
25  }
```

【程序说明】

第 3~5 行：定义私有成员属性。

第 6 行：定义空构造方法。

第 7~24 行：定义私有成员属性的 setXxx() 和 getXxx() 方法。

（4）在 "com.dao" 的包中创建数据库连接 Bean 文件 DBConn.java。具体代码请参照实战演练 7-4 中的 DBConn.java 程序。

（5）在 "com.bean" 的包中创建一个逻辑 Bean 文件 AdminHandle.java。该文件实现对 Admin 实体进行的相关数据库访问操作。本案例中只实现了 Admin 的登录功能。

【案例代码】AdminHandle.java 文件的代码如下所示：

```
1   package com.bean;
2   import java.sql.ResultSet;
3   import java.sql.SQLException;
4   import com.dao.*;
5   public class AdminHandle {
6       // 登录功能
7       public boolean login(String name,String password){
8           try {
9               DBConn.getCon("student","sa","sa123");
10  String sql = "select * from admin where name='"+name+"' and password='"
11  +password+"'";
12              System.out.println(sql);
13              ResultSet rs=DBConn.exec_query(sql);
14              if(rs.next()){
15                  return true;
16              }
17              else{
18                  return false;
19              }
20          } catch (Exception e) {
21              e.printStackTrace();
22              return false;
```

```
23          }
24       }
25  }
```

【程序说明】

第 2~4 行：导入程序所需要的包，其中第 2、3 行表示导入数据库操作 sql 包，第 4 行导入 dao 包中的 DBConnhjava。

第 9 行：调用数据库连接 Bean 中的 getCon() 方法创建数据库连接。数据库登录用户为"sa"，密码为"sa123"，连接至"student"数据库，为后续数据库操作做好准备。

第 10 行：定义数据库查询语句，根据用户名和密码查询数据库记录。

第 13 行：调用数据库连接 Bean 中的 exec_query() 方法执行查询，返回查询结果。根据结果集判断查询结果是否为空，如果查询结果不为空，返回 true；否则返回 false。

（6）在项目 ch8 的 WebRoot 目录下新建 login.jsp 文件，此文件编写的是用户登录页面。文件代码参照"实战演练 7-3"中的 loginjsp.html。

需要注意的是，在"login.jsp"文件中 form 表单提交属性 action 的值暂时为空，其对应的值应该为第（7）步中创建完 Servlet 后 web.xml 文件中对应的 <url-pattern> 中的地址。

【案例代码】login.jsp 文件的代码如下所示：

```
1   <%@ page language="java" import="java.util.*" pageEncoding="UTF-8"%>
2   <html>
3     <head>
4       <title>My JSP 'login.jsp' starting page</title>
5     </head>
6     <body>
7     <form action="LoginServlet" method="post" name="myform">
8     <table border="1" align="center" >
9         <th colspan="2" bgcolor="grey">用 户 登 录</th>
10        <tr>
11            <td align="center">用户名: </td>
12            <td><input type="text" name="name"/></td>
13        </tr>
14        <tr>
15            <td align="center">密码: </td>
16            <td><input type="password" name="password"/></td>
17        </tr>
18        <tr>
19            <td> </td>
20            <td><input type="submit" name="submit" value="登录"/>
21                <input type="reset" name="reset" value="重置"/>
22            </td>
23        </tr>
24    </table>
```

```
25      </form>
26    </body>
27  </html>
```

（7）在"com.servlet"的包中创建一个 Servlet 文件 LoginServlet.java，同时生成 wcb.xml 文件中的映射信息。

【案例代码】web.xml 文件的代码如下所示：

```
1   <servlet>
2     <description>This is the description of my J2EE component</description>
3     <display-name>This is the display name of my J2EE component</display-name>
4     <servlet-name>LoginServlet</servlet-name>
5     <servlet-class>com.servlet.LoginServlet</servlet-class>
6   </servlet>
7   <servlet-mapping>
8     <servlet-name>LoginServlet</servlet-name>
9     <url-pattern>/LoginServlet</url-pattern>
10  </servlet-mapping>
```

【案例代码】LoginServlet.java 文件的代码如下所示：

```
1   package com.servlet;
2   import java.io.IOException;
3   import java.io.PrintWriter;
4   import javax.servlet.ServletException;
5   import javax.servlet.http.*;
6   import com.bean.Admin;
7   import com.bean.AdminHandle;
8   public class LoginServlet extends HttpServlet {
9     public LoginServlet() {
10        super();
11    }
12    public void destroy() {
13        super.destroy();
14    }
15    public void doGet(HttpServletRequest request, HttpServletResponse response)
16    throws ServletException, IOException {
17        doPost(request,response);
18    }
19    public void doPost(HttpServletRequest request, HttpServletResponse response)
20    throws ServletException, IOException {
21        Admin admin = new Admin();
22        AdminHandle adminhanle = new AdminHandle();
23        HttpSession session = request.getSession();
24        admin.setName(request.getParameter("name"));
```

```
25      admin.setPwd(request.getParameter("password"));
26      session.setAttribute("admin", admin);
27      if(adminhanle.login(admin.getName(), admin.getPwd())){
28          session.setAttribute("result", "Login Success!");
29      }
30      else{
31          session.setAttribute("result", "Login Error!");
32      }
33      request.getRequestDispatcher("loginresult.jsp").forward(request, response);
34      }
35  public void init() throws ServletException {
36      // Put your code here
37  }
38  }
```

【程序说明】

第 1 行：表示该类保存在 com.servlet 包中。

第 2～7 行：导入程序所需要的相关类，第 6、7 行导入 com.bean 包中自定的两个 bean 类，分别为实体 bean "Admin.java" 和逻辑 bean "AdminHandle.java"。

第 15～28 行：doGet() 方法中调用 doPost() 方法。根据 login.jsp 页面中 form 表单 <action> 属性 method 的值 "post" 可以得知页面的提交方式为 post 方法，当提交表单时程序自动调用 Servlet 中 doPost() 方法，所以在 doGet() 方法中调用 doPost() 方法，保证了页面跳转至 Servlet 程序中始终调用 doPost() 方法。

第 19～34 行：doPost() 方法实现业务逻辑功能。

第 21、22 行：实例化 bean 类的对象。

第 23 行：定义一个 session 对象。

第 24、25 行：通过 request 的 getParameter() 方法获得 login.jsp 页面提交的用户名和密码信息，将登录信息封装到 admin 对象中。

第 26 行：将 admin 对象作为参数设置到 session 对象中，为页面再次跳转传值做准备。

第 27～32 行：调用逻辑 bean "AdminHandle" 中实现登录功能的方法 Login()，判断是否登录成功，如果成功则在 session 中保存成功提示信息，否则在 session 中保存失败提示信息。

第 33 行：页面跳转至 loginresult.jsp。

（8）打开 login.jsp 文件，修改其 form 表单中 action 属性的值为 web.xml 中第 10 行的值，代码如下所示。

```
<form action="LoginServlet" method="post" name="myform" onsubmit="check()">
```

（9）在项目 ch8 的 WebRoot 目录下新建 loginresult.jsp 文件。此文件用来显示登录是否成功。

【案例代码】 loginresult.jsp 文件的代码如下所示：

```jsp
1  <%@ page language="java" import="java.util.*" pageEncoding="UTF-8"%>
2  <%@ page import="com.bean.Admin" %>
3  <html>
4    <head>
5      <title>My JSP 'loginresult.jsp' starting page</title>
6    </head>
7    <body>
8      <%
9         Admin admin = (Admin)session.getAttribute("admin");
10     %>
11     <p> Hi,<%=admin.getName() %>,<%=session.getAttribute("result") %>!</p>
12   </body>
13 </html>
```

【程序说明】

第 2 行：通过 page 指令导入 JavaBean 类 Admin.java。

第 9 行：通过 session 对象的 getParameter() 方法获取 LoginServlet 传递的参数"admin"的值，这个值是一个 admin 对象，所以将其强制转化成 Admin 类型。

第 11 行：通过 admin 对象的 getName() 方法获取用户名，显示当前登录用户；通过 session 对象获取 Servlet 文件中 session 传递的"result"参数信息，显示登录结果。

（10）启动 Tomcat 服务器，部署 ch8 项目，在浏览器地址栏中输入"http://localhost:8080/ch8/login.jsp"，检验程序是否能正确运行。

【程序运行界面】 程序运行结果如图 8-12 所示。

图 8-12　用户登录界面

（11）输入用户名"admin"和密码"123"，即跳转至 loginresult.jsp 页面，显示如图 8-13 所示结果。否则登录失败，显示结果如图 8-14 所示。

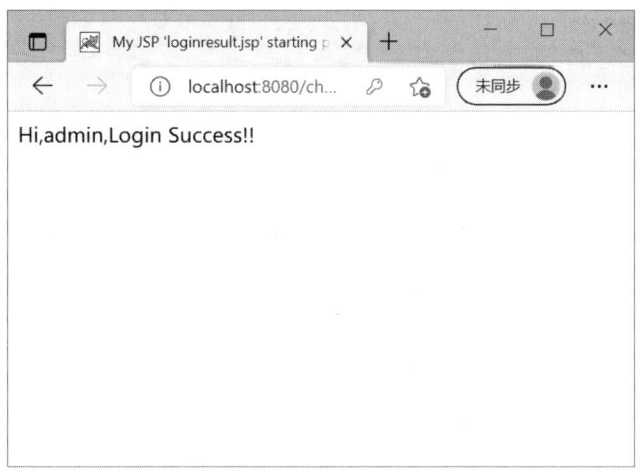

图 8-13　登录成功显示界面

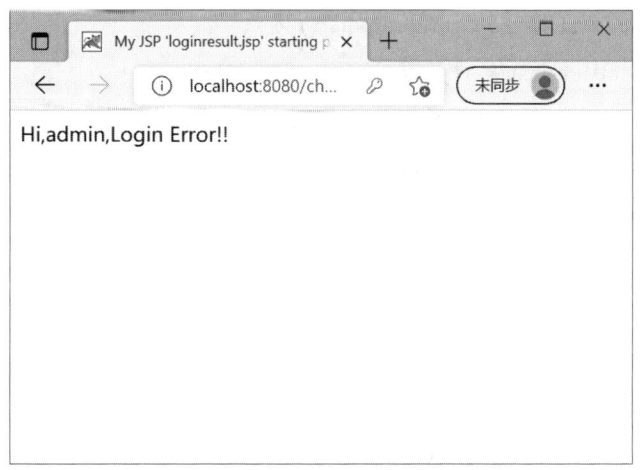

图 8-14　登录失败显示界面

课外拓展

【拓展 1】编写一个显示"Welcome to Servlet!"的 Servlet，将其配置好后执行该 Servlet，了解 Servlet 的编写、配置和调用的方法。

【拓展 2】编写一个制作网站计数器的 Servlet，将其配置好后执行该 Servlet，并比较与 Cookie 制作网站计数器的区别。

【拓展 3】编写一个读取 Cookie 中网站技术值的 Servlet，将其配置好后执行该 Servlet，并与 Cookie 制作技术器和 Servlet 制作计算器进行比较。

【拓展 4】编写一个读取 Session 信息的 Servlet，将其配置好后执行该 Servlet。

【拓展 5】将任务 6 中"学生身体体质信息管理系统"分层设计，结合 MVC 模式重新设计并实现基本功能。

课后练习

一、选择题

1. 以下不属于MVC设计模式中三个模块的是（　　）。
   A. 模型　　　　B. 表示层　　　　C. 视图　　　　D. 控制器

2. 在MVC模式中，（　　）用于客户端应用程序的图形数据表示，与实际数据处理无关。
   A. 模型　　　　B. 视图　　　　C. 控制器　　　　D. 数据

3. 在MVC设计模式中，（　　）接收用户请求数据。
   A. HTML　　　　B. JSP　　　　C. Servlet　　　　D. 业务类

4. 下面的（　　）方法可以取得HTTP请求所传递的参数。
   A. ServletRequest 接口的 getAttribute() 方法
   B. ServletRequest 接口的 getParameter() 方法
   C. HttpServletRequest 接口的 getAttribute() 方法
   D. HttpServletRequest 接口的 getParameter() 方法

5. 假设创建的Web应用的名称为book，那么web.xml部署描述文件应该存放在（　　）位置。
   A. book\Web　　　　　　　　　　　B. book\Web-INF
   C. book\Web-INF\classes　　　　　D. Web-INF\book\

6. 下列（　　）情况不会调用Servlet实体的service()方法。
   A. 单击Submit按钮发送出一个HTTP GET 请求
   B. Servlet容器接收到一个HTTP POST 请求
   C. Servlet容器针对某个Servlet实体进行初始化
   D. Servlet容器准备卸载某个Servlet实体

二、填空题

1. Servlet的父类是_____。

2. 在Servlet取得session对象的应用的接口是_____。

3. Java Servlet API 包括两个包，分别是_____包和javax.servlet.http 包。第一个包包含了所有的Servlet实现和扩展的通用接口种类；第二个包包含了实现HTTP的特定Servet时所需要的扩充类。

4. Servlet的生命周期由三个方法控制，这三个方法分别为_____、destroy()和_____。

5. 当Servlet的_____方法被执行时，Servlet就可以调用接口ServletRequest中的方法接收客户端的请求信息，ServletRequest对象作为一个参数被传递到_____方法中。

三、简答题

1. 请简述Servlet的生命周期，并指出各个时期的主要方法及作用。

2. 简述MVC模式的M、V、C各自的含义，以及在Web应用项目中分别起到的作用。